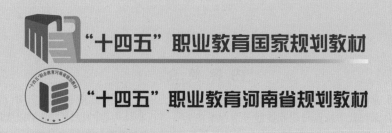

"十四五"职业教育国家规划教材

"十四五"职业教育河南省规划教材

工业机器人操作编程与运行维护——初级

主　编　王东辉　金宁宁　曹坤洋

副主编　张保生　张　柯　李　慧

参　编　刘　浪　张大维

北京理工大学出版社
BEIJING INSTITUTE OF TECHNOLOGY PRESS

内 容 简 介

本书的编写以《工业机器人操作与运维职业技能等级标准》为依据，围绕工业机器人应用行业领域工作岗位群的能力需求，充分融合课程教学特点与职业技能等级标准内容，进行整体内容的设计。全书以实际应用中典型工作任务为主线，以项目化、任务化形式整理教学内容，使学生掌握项目内包含的知识和任务实施技能。

本书内容包含工业机器人安全操作、工业机器人机械拆装、工业机器人安装、工业机器人周边系统安装、工业机器人系统设置、工业机器人运动模式测试、工业机器人坐标系标定、工业机器人程序的备份与恢复、工业机器人搬运码垛程序调试与运行和工业机器人常规检查和维护，共计10个典型实训项目。项目包含若干任务，项目配备项目知识测评，任务均配备任务评价，便于教学成果的评价和重点内容的掌握。

本书适合用于"1+X"证书制度试点教学、相关专业课证融通课程的教学，也可以应用于工业机器人应用企业的培训等。

图书在版编目（C I P）数据

工业机器人操作编程与运行维护：初级 / 王东辉，
金宁宁，曹坤洋主编. --北京：北京理工大学出版社，
2021.9（2023.11重印）
　　ISBN 978 - 7 - 5763 - 0364 - 3

　　Ⅰ．①工… Ⅱ．①王… ②金… ③曹… Ⅲ．①工业机
器人 - 程序设计 Ⅳ．① TP242.2

　　中国版本图书馆 CIP 数据核字（2021）第 193178 号

责任编辑：张鑫星　　　文案编辑：张鑫星
责任校对：周瑞红　　　责任印制：李志强

出版发行 / 北京理工大学出版社有限责任公司
社　　　址 / 北京市丰台区四合庄路 6 号
邮　　　编 / 100070
电　　　话 / （010）68914026（教材售后服务热线）
　　　　　　（010）68944437（课件售后服务热线）
网　　　址 / http：//www.bitpress.com.cn

版 印 次 / 2023 年 11 月第 1 版第 3 次印刷
印　　　刷 / 定州启航印刷有限公司
开　　　本 / 889mm×1194mm　1/16
印　　　张 / 12
字　　　数 / 240 千字
定　　　价 / 45.00 元

前言 Preface

2019 年 4 月 10 日，教育部等四部委联合印发了《关于在院校实施"学历证书 + 若干职业技能等级证书"制度试点方案》，部署启动了"1+X"证书制度试点工作，以人才培养培训模式和评价模式改革为突破口，提高人才培养质量，夯实人才可持续发展基础。同年 6 月，发布了第二批试点工业机器人操作与运维等 10 个职业技能等级证书，与专业高度相关的职业技能等级证书的出现，为工业机器人专业的学生提供了可供遵循的职业技能标准。"1+X"证书制度是适应现代职业教育的制度创新衍生的，其目标是提高复合型技术技能人才培养与产业需求契合度，化解人才供需结构矛盾；路径是产教融合、校企合作，激励、引导行业企业深度参与职业教育人才培养全过程；核心是夯实职业人才成长基础，拓宽就业路径，提高就业质量。

2020 年 4 月 24 日，人力资源和社会保障部会同市场监管总局、国家统计局发布了智能制造工程技术人员等 16 个新职业信息，数百万智能制造工程技术从业人员将以职业身份正式登上历史舞台。智能制造技术包括自动化、信息化、互联网和智能化四个层次，其中机器人产业是智能装备中不可或缺的重要组成部分。在人社部发布的《新职业—工业机器人系统运维员就业景气现状分析报告》中，机器人被誉为"制造业皇冠顶端的明珠"，是衡量一个国家创新能力和产业竞争力的重要标志，已成为全球新一轮科技和产业革命的重要切入点。报告指出，作为技术集成度高、应用环境复杂、操作维护较为专业的高端装备，有着多层次的人才需求。近年来，国内企业和科研机构加大机器人技术研究与本体研制方向的人才引进与培养力度，在硬件基础与技术水平上取得了显著提升，但现场调试、维护操作与运行管理等应用型人才的培养力度依然有所欠缺。

党的二十大报告指出，大国工匠和高技能人才是人才强国战略的重要组成部分。为了应对智能制造领域中工业机器人系统操作员及工业机器人系统运维员等新职业的人才需求缺口，完善人才战略布局，广大职业院校陆续开设了工业机器人相关的课程及专业，专业的建设需要不断加强与相关行业的有效对接，"1+X"证书制度试点是促进技术技能人才培养培训模式和评价模式改革、提高人才培养质量的重要举措。本套教材深化产教融合，强化北京华航唯实机器人科技股份有限公司"专精特新"小巨人企业科技创新地位，发挥其引领支撑作用，推进工业机器人产业链人才链深度融合。

河南职业技术学院参照"1+X"工业机器人操作与运维职业技能等级标准，协同北京华航唯实机器人科技股份有限公司、许昌职业技术学院共同开发了本套教材，河南职业技术学院王东辉、金宁宁、曹坤洋任主编。具体编写分工为：河南职业技术学院王东辉编写项目1和项目3，河南职业技术学院金宁宁编写项目5、项目6和项目9，河南职业技术学院曹坤洋编写项目4和项目10，许昌职业技术学院张保生编写项目2，河南职业技术学院张柯编写项目7和项目8，北京华航唯实机器人科技股份有限公司李慧负责审稿。本书在编写过程中得到了北京华航唯实机器人科技股份有限公司刘浪、张大维等工程师的帮助，他们参与了案例的设计等工作。我们还参阅了部分相关教材及技术文献内容，在此一并表示衷心的感谢。

本套教材分为初级、中级、高级三部分，以智能制造企业中工业机器人操作与运维岗位相关从业人员的职业素养、技能需求为依据，采用项目引领、任务驱动理念编写，以实际应用中典型工作任务为主线，配合实训流程，详细地剖析讲解工业机器人操作及运行维护所需要的知识及岗位技能，培养具有安全意识，能依据机械装配图、电气原理图和工艺指导文件完成工业机器人系统的安装、调试以及工业机器人本体定期保养与维护、工业机器人基本程序操作的能力。

本书通过资源标签或者二维码链接形式，提供了配套的学习资源，利用信息化技术，采用PPT、视频、动画等形式对书中的核心知识点和技能点进行深度剖析和详细讲解，降低了读者的学习难度，有效提高读者学习兴趣和学习效率。

由于编者水平有限，对于书中的不足之处，希望广大读者提出宝贵意见。

编　者

目录 Contents

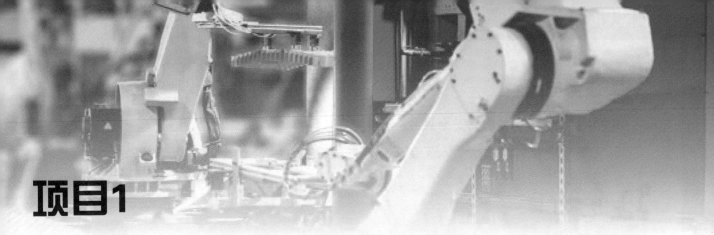

项目1

工业机器人安全操作

项目导言

本项目就工业机器人安全准备工作和通用安全操作要求进行了详细的讲解，并设置丰富的实训任务，使学生通过实操掌握工业机器人安全准备事项。

项目目标

1. 能够全面地了解工业机器人系统安全风险；
2. 能遵守通用安全操作要求安装、维护、操作工业机器人；
3. 能正确穿戴工业机器人安全工作服和安全防护装备。

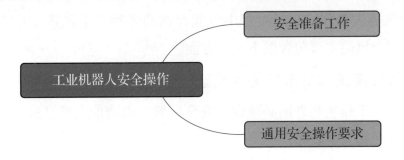

任务 1.1　安全准备工作

任务描述

根据某工业机器人工作站的安全操作指导书，了解工业机器人系统中存在的安全风险，并能够在操作工业机器人系统之前正确穿戴工业机器人安全工作服和安全防护装备。

任务目标

1. 明确工业机器人系统安全风险;

2. 能够正确穿戴工业机器人安全工作服和安全防护装备。

所需工具

安全操作指导书、安全帽、安全工作服、安全防护鞋。

学时安排

建议学时共 2 学时,其中相关知识学习建议 1 学时;学员练习建议 1 学时。

工作流程

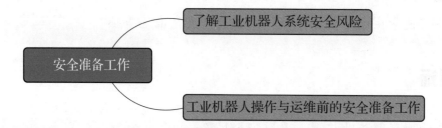

知识储备

工业机器人作为一种自动化程度较高的智能装备,在操作工业机器人之前,操作人员首先需要了解工业机器人操作或运行过程中可能存在的各种安全风险,并能够对风险进行控制。需要关注的安全风险主要包含以下几个方面。

1. 工业机器人系统非电压相关的风险

(1)工业机器人工作空间外围必须设置安全区域,以防他人擅自进入,可以配备安全光栅或感应装置作为配套安全装置。

(2)如果工业机器人采用空中安装、悬挂或其他并非直接坐落于地面的安装方式,则可能会比直接坐落于地面的安装方式有更多的风险。

(3)释放制动闸时,关节轴会因受到重力影响而坠落。操作人员除了有被运动中的工业机器人部件撞击的风险外,还可能存在被平行手臂挤压的风险(如有此部件)。

(4)工业机器人中存储的用于平衡某些关节轴的电量可能在拆卸工业机器人或其部件时释放,从而造成工业机器人关节轴微动。

(5)拆卸/组装机械单元时,请提防掉落的物体。

(6)注意运行中或运行过后的工业机器人及控制柜中存有的热能。在实际触摸之前,务必用手在一定距离感受可能会变热的组件是否有热辐射。如果要拆卸可能会发热的组件，请等到它冷却，或者采用其他方式进行前处理。

（7）切勿将工业机器人当作梯子使用，存在工业机器人损坏的风险，同时由于工业机器人电动机可能产生高温或工业机器人可能发生漏油现象，所以攀爬会有严重的滑倒风险。

2. 工业机器人系统电压相关的风险

（1）尽管有时需要在通电时进行故障排除，但在维修故障、断开或连接各个单元时必须关闭工业机器人系统的主电源开关。

（2）工业机器人主电源的连接方式必须保证操作人员可以在工业机器人的工作空间之外关闭整个工业机器人系统。

（3）当操作人员在系统上操作时，需确保没有其他人可以打开工业机器人系统的电源。

（4）需要注意控制柜的以下部件伴随有高压危险：

①注意控制柜（直流电路、超级电容器设备）存有电能；②主电源 / 主开关；③变压器；④电源单元；⑤控制电源（230 V/AC）；⑥整流器单元（262/400~480 V/AC 和 400/700 V/DC）；⑦驱动单元（400/700 V/DC）；⑧驱动系统电源（230 V/AC）；⑨维修插座（115/230 V/AC）；⑩用户电源（230 V/AC）；⑪机械加工过程中的额外工具电源单元或特殊电源单元；⑫即使工业机器人已断开与主电源的连接，控制柜连接的外部电压仍存在；⑬附加连接。

（5）需要注意工业机器人本体以下部件伴有高压危险：

①电动机电源（高达 800 V/DC）；②工具或系统其他部件的用户连接（最高 230 V/AC）。

（6）需要注意工具、物料搬运装置等的带电风险。

需要注意即使工业机器人系统处于关机状态，工具、物料搬运装置等也可能是带电的。在工业机器人工作过程中，处于运动状态的电源电缆也可能会出现破损。

 任务实施

安全准备工作的操作步骤如表 1-1 所示。

表 1-1　安全准备工作的操作步骤

步骤1：穿好安全防护鞋，防止零部件掉落时砸伤操作人员，如图1-1所示	步骤2：戴安全帽和穿安全工作服，防止工业机器人系统零部件尖角或操作工业机器人末端工具动作时划伤操作人员，如图1-2所示
 图 1-1　穿好安全防护鞋	 图 1-2　戴安全帽和穿安全工作服

 **任务评价**

任务评价如表 1-2 所示，活动过程评价如表 1-3 所示。

表 1-2　任务评价

评价项目	比例	配分	序号	评分标准	扣分标准	自评	教师评价
6S职业素养	30%	30分	1	选用适合的工具实施任务，清理无须使用的工具	未执行扣6分		
			2	合理布置任务所需使用的工具，明确标识	未执行扣6分		
			3	清除工作场所内的脏污，发现设备异常立即记录并处理	未执行扣6分		
			4	规范操作，杜绝安全事故，确保任务实施质量	未执行扣6分		
			5	具有团队意识，小组成员分工协作，共同高质量完成任务	未执行扣6分		
安全准备工作	70%	70分	1	穿好安全防护鞋	未穿扣35分		
			2	戴安全帽和穿安全工作服	未穿扣35分		
合计							

表 1-3　活动过程评价

评价指标	评价要素	分数/分	分数评定
信息检索	能有效利用网络资源、工作手册查找有效信息；能用自己的语言有条理地去解释、表述所学知识；能将查找到的信息有效转换到工作中	10	
感知工作	是否熟悉各自的工作岗位，认同工作价值；在工作中，是否获得满足感	10	
参与状态	与教师、同学之间是否相互尊重、理解、平等；与教师、同学之间是否能够保持多向、丰富、适宜的信息交流。 探究学习、自主学习不流于形式，处理好合作学习和独立思考的关系，做到有效学习；能提出有意义的问题或能发表个人见解；能按要求正确操作；能够倾听、协作分享	20	

续表

评价指标	评价要素	分数/分	分数评定
学习方法	工作计划、操作技能是否符合规范要求；是否获得了进一步发展的能力	10	
工作过程	遵守管理规程，操作过程符合现场管理要求；平时上课的出勤情况和每天完成工作任务情况；善于多角度思考问题，能主动发现、提出有价值的问题	15	
思维状态	是否能发现问题、提出问题、分析问题、解决问题	10	
自评反馈	按时按质完成工作任务；较好地掌握专业知识点；具有较强的信息分析能力和理解能力；具有较为全面严谨的思维能力并能条理明晰地表述成文	25	
总分		100	

任务 1.2　通用安全操作要求

 任务描述

根据某工业机器人工作站的安全操作指导书，了解工业机器人操作相关的安全标识，并能够掌握工业机器人操作过程中需要注意的安全事项。

 任务目标

1. 熟悉与人身安全及工业机器人使用安全直接相关的安全标识；

2. 熟悉工业机器人本体和控制柜上的安全标识；

3. 了解工业机器人操作过程中的安全事项。

 所需工具

安全操作指导书。

 学时安排

建议学时共 2 学时，其中相关知识学习建议 1 学时；学员练习建议 1 学时。

工作流程

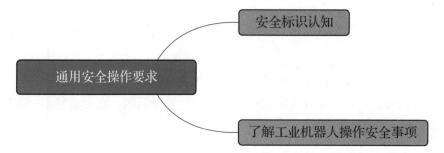

```
通用安全操作要求 ──┬── 安全标识认知
                   └── 了解工业机器人操作安全事项
```

知识储备

1. 安全标识认知

"安全"是一个经久不衰的话题，随着工业自动化水平的不断提升，人们对它的理解也越来越深入。安全作业始终是企业、工厂最为看重的方面，如果安全工作搞不好，职工的生命和人身安全就没有保障，员工的工作积极性就会受到很大的影响。为此工厂除了进行必要的安全培训之外，还会在生产车间的各个角落布置安全标识，安全标识是出于安全考虑而设置的提醒、警告指示，以减少安全隐患。与人身安全及工业机器人使用安全直接相关的安全标识如表1-4所示。

认识安装操作中的"通关符"——安全标识

表1-4 与人身安全及工业机器人使用安全直接相关的安全标识

标识	名称	含义
⚠	危险	警告，如果不依照说明操作，就会发生事故，并导致严重或致命的人员伤害和严重的产品损坏。 该标志适用于以下险情：碰触高压电气装置、爆炸、火灾、有毒气体、压轧、撞击和从高处跌落等
⚠	警告	警告，如果不依照说明操作，可能会发生事故，造成严重的伤害（可能致命）或重大的产品损坏。 该标志适用于以下险情：触碰高压电气单元、爆炸、火灾、吸入有毒气体、挤压、撞击、高空坠落等
⚡	电击	针对可能会导致严重的人身伤害或死亡的电气危险的警告
!	小心	警告，如果不依照说明操作，可能会发生能造成伤害或产品损坏的事故。 该标志适用于以下险情：灼伤、眼部伤害、皮肤伤害、听力损伤、挤压或滑倒、跌倒、撞击、高空坠落等。此外，它还适用于某些涉及功能要求的警告消息，即在装配和移除设备过程中出现有可能损坏产品或引起产品故障的情况时，就会采用这一标志

标识	名称	含义
	静电放电（ESD）	针对可能会导致严重产品损坏的电气危险的警告
	注意	描述重要的事实和条件，请一定要重视相关的说明
	提示	描述从何处查找附加信息或如何以更简单的方式进行操作

　　一般在工业机器人本体和工业机器人控制柜上也都贴有数个安全和信息标识。在安装、检修或操作工业机器人期间，这些信息对工业机器人操作人员来说非常重要。工业机器人本体和控制柜上的安全标识及说明如表 1-5 所示。

表 1-5　工业机器人本体和控制柜上的安全标识及说明

标识	名称	含义
	禁止	此标识要与其他标识组合使用
	请参阅用户文档	请阅读用户文档，了解详细信息
	拆卸前参阅产品手册	在拆卸之前，请参阅产品手册
	不得拆卸	拆卸此部件可能会导致伤害

标识	名称	含义
	旋转更大	此关节轴的旋转范围（工作区域）大于标准范围
	制动闸释放	对于小型工业机器人，按此按钮将会释放制动闸。这意味着工业机器人本体部分关节轴及部件可能会掉落
	倾覆危险	如果螺栓没有固定牢靠，工业机器人可能会翻倒
	挤压危险	可能造成人员挤压伤害风险
	高温	存在可能导致灼伤的高温风险
	工业机器人移动	工业机器人可能会意外移动

标识	名称	含义
	制动闸释放按钮	对于大型工业机器人，单击对应关节轴编号的按钮，对应的电动机抱闸会打开
	吊环螺栓	一个紧固件，其主要作用是起吊工业机器人
	带缩短器的吊货链	用于起吊工业机器人
	工业机器人提升	该标签用于对工业机器人的提升和搬运提示
	润滑油	润滑油注油口
	机械限位	起到定位作用或限位作用

标识	名称	含义
	无机械限位	表示没有机械限位
	储能	1. 警告此部件蕴含储能； 2. 与不得拆卸标识一起使用
	压力	警告此部件承受了压力。通常另外印有文字，标明压力大小
	使用手柄关闭	使用控制柜上的电源开关
	不得踩踏	警告如果踩踏这些部件，可能会造成损坏
Main switch	主电源断开警告	在维修控制柜前将电源断开
Warning High voltage inside the module even if the Main Switch is in OFF-position.	模块内有高压危险警告	模块内可能有高压危险，即使主开关已经处于OFF（关）位置

续表

标识	名称	含义
	IRC5 控制柜的起吊说明	对于控制柜最大起吊质量的说明
	安装空间	提示控制柜安装时注意保证安装的空间距离
	阅读手册标签	请阅读用户手册，了解详细信息
	额定值标签	写明控制柜的额定数值
	UL 认证 瑞典	产品认证安全标识
	UL 认证 中国	产品认证安全标识

机器人安全操作
中的那些事儿

2. 了解工业机器人操作安全事项

操作工业机器人或工业机器人系统时要掌握和注意的安全事项如下：

（1）工业机器人安全保护区域的范围。

安全防护装置可以有效地保障操作人员的人身安全。工业机器人全速自动运行作业期间，操作人员需要位于安全保护区域范围外。

（2）紧急停止按钮的使用方法。

紧急停止按钮优先于任何其他工业机器人控制操作，工业机器人控制柜和示教器上都带有紧急停止按钮，按下紧急停止按钮能够及时断开工业机器人电动机的驱动电源，停止所有运转部件，并切断由工业机器人系统控制且存在潜在危险的功能部件的电源。

（3）掌握灭火的方式。

当工业机器人系统（工业机器人或控制柜）发生火灾时，使用二氧化碳灭火器进行灭火，切勿使用水或泡沫灭火器。

（4）紧急情况下释放工业机器人手臂。

当发生紧急情况，例如有操作人员受困于工业机器人手臂之中时，可通过按制动闸释放按钮手动释放工业机器人轴上的制动闸来解救受困人员。按完制动闸释放按钮之后，对于较小型的工业机器人，此时就能够手动移动工业机器人手臂来处理紧急的情况，但要移动较大型号的工业机器人则可能需要使用高架起重机或类似设备。在释放制动闸前，一定要先确保释放制动闸按钮后，工业机器人手臂的质量不会增加对受困人员的压力，进而增加任何受伤风险。

（5）静电放电危险。

ESD（静电放电）是电势不同的两个物体间的静电传导，它可以通过直接接触传导，也可以通过感应电场传导。搬运部件或部件容器时，未接地的人员可能会传导大量的静电荷，这一放电过程可能会损坏灵敏的电子设备。在检修控制柜内部电气元件的时候需要佩戴静电手环，消除人体静电，防止对工业机器人电气元件的损坏。

（6）掌握使能装置的使用方式。

使能装置是工业机器人为保护操作人员人身安全而设置的，如图1-3所示。当发生危险情况时，人会本能地将使能装置松开或按紧，此时工业机器人就会马上停止，保证了操作人员的人身安全。

（7）与工业机器人保持足够的安全距离。

图1-3　使能装置使用示意图

在调试与运行工业机器人程序时，工业机器人可能会执行一些意外的或不规则的运动轨迹，因此可能会严重伤害到操作人员或损坏工业机器人工作范围内的任何设备。因此需要时刻警惕与工业机器人保持足够的安全距离。

（8）手动模式下的安全注意事项。

ABB工业机器人的运行模式有两种，分别为手动模式和自动模式。部分工业机器人的手动模式细分为手动减速模式和手动全速模式。

在手动减速模式下，工业机器人只能以 250 mm/s 或更慢的速度移动。当操作员位于安全保护空间之内操作工业机器人时，就应始终以手动速度进行操作。

在手动全速模式下，工业机器人以程序预设速度移动。手动全速模式应仅用于所有人员都处于安全保护空间之外时，而且操作人员必须经过特殊训练，熟知潜在的危险。

（9）工作中的安全注意事项。

需要确保操作人员在接近工业机器人之前，旋转或运动的工具例如切削工具和锯等已经停止运动。

工业机器人电动机长期运转后温度很高，需要注意工件和工业机器人系统的高温表面，避免触碰时发生灼伤的情况。

注意夹具并确保夹好工件。如果夹具打开，工件会脱落并导致人员伤害或设备损坏。夹具非常有力，如果不按照正确方法操作，也会导致人员伤害。

注意液压、气压系统以及带电部件，即使断电，这些电路上的残余电量也很危险。

（10）开关机安全注意事项。

开机前需要检查控制柜及工业机器人本体的电缆、气管有无破损，接线是否有松动。工业机器人系统关机时需要使工业机器人恢复到合适的安全姿态，末端工具上不应滞留物体，如后续不再使用末端工具，应将末端工具及时卸下；关机时需要按照说明手册或实训指导手册中正确的操作步骤关闭工业机器人系统。

 任务评价

任务评价如表 1-6 所示，活动过程评价如表 1-7 所示。

表 1-6　任务评价

评价项目	比例	配分	序号	评分标准	扣分标准	自评	教师评价
6S职业素养	30%	30分	1	选用适合的工具实施任务，清理无须使用的工具	未执行扣6分		
			2	合理布置任务所需使用的工具，明确标识	未执行扣6分		
			3	清除工作场所内的脏污，发现设备异常立即记录并处理	未执行扣6分		
			4	规范操作，杜绝安全事故，确保任务实施质量	未执行扣6分		
			5	具有团队意识，小组成员分工协作，共同高质量完成任务	未执行扣6分		

评价项目	比例	配分	序号	评分标准	扣分标准	自评	教师评价
认识安全标识与了解安全事项	70%	70分	1	认识与人身安全及工业机器人使用安全直接相关的安全标识	未认识扣20分		
			2	认识工业机器人本体和控制柜上的安全标识及说明	未认识扣10分		
			3	了解工业机器人安全保护区域的范围。掌握紧急停止按钮的使用方法	未了解扣10分		
			4	掌握灭火的方式	未掌握扣5分		
			5	能够在紧急情况下释放工业机器人手臂	未掌握扣5分		
			6	了解排除静电放电危险的方法	未了解扣5分		
			7	在现场时，能够根据需求与工业机器人保持足够的安全距离	未掌握扣5分		
			8	了解工作中的安全注意事项	未了解扣5分		
			9	了解工业机器人系统开关机安全注意事项	未了解扣5分		
合计							

表1-7　活动过程评价

评价指标	评价要素	分数/分	分数评定
信息检索	能有效利用网络资源、工作手册查找有效信息；能用自己的语言有条理地去解释、表述所学知识；能将查找到的信息有效转换到工作中	10	
感知工作	是否熟悉各自的工作岗位，认同工作价值；在工作中，是否获得满足感	10	
参与状态	与教师、同学之间是否相互尊重、理解、平等；与教师、同学之间是否能够保持多向、丰富、适宜的信息交流。 探究学习、自主学习不流于形式，处理好合作学习和独立思考的关系，做到有效学习；能提出有意义的问题或能发表个人见解；能按要求正确操作；能够倾听、协作分享	20	
学习方法	工作计划、操作技能是否符合规范要求；是否获得了进一步发展的能力	10	
工作过程	遵守管理规程，操作过程符合现场管理要求；平时上课的出勤情况和每天完成工作任务情况；善于多角度思考问题，能主动发现、提出有价值的问题	15	

续表

评价指标	评价要素	分数/分	分数评定
思维状态	是否能发现问题、提出问题、分析问题、解决问题	10	
自评反馈	按时按质完成工作任务；较好地掌握专业知识点；具有较强的信息分析能力和理解能力；具有较为全面严谨的思维能力并能条理明晰地表述成文	25	
总分		100	

项目知识测评

1. 单选题

（1）以下哪个选项是"制动闸释放按钮"安全标识的含义？（   ）

A. 可能造成人员挤压伤害风险

B. 对于大型工业机器人，单击对应关节轴的制动闸释放按钮，对应的电动机抱闸会打开

C. 起到定位作用或限位作用

D. 一个紧固件，其主要作用是起吊工业机器人

（2）以下哪个选项是"不得踩踏"安全标识？（   ）

A.   B.   C.   D.

2. 多选题

（1）工业机器人系统非电压相关的风险包括（   ）。

A. 工业机器人工作空间外围必须设置安全区域，以防他人擅自进入，可以配备安全光栅或感应装置作为配套安全装置

B. 如果工业机器人采用空中安装、悬挂或其他并非直接坐落于地面的安装方式，则可能会比直接坐落于地面的安装方式有更多的风险

C. 拆卸/组装机械单元时，请提防掉落的物体

D. 即使工业机器人已断开与主电源的连接，控制柜连接的外部电压仍存在

（2）下列选项哪些属于操作工业机器人时开关机的注意事项？（   ）

A. 工业机器人系统关机时需要使工业机器人恢复到合适的安全姿态

B. 如不再使用末端工具，应将末端工具及时卸下

C. 开机前需要检查控制柜及工业机器人本体的电缆、气管有无破损，接线是否有松动

D. 关机时需要按照说明手册或实训指导手册中正确的操作步骤关闭工业机器人系统

3. 判断题

（1）任何了解工业机器人的人员都可以安装、维护、操作工业机器人。　　　　　（　　）

（2）安装、维护、操作工业机器人时操作人员必须有意识地对自身安全进行保护，必须主动穿戴安全帽、安全工作服、安全防护鞋。　　　　　（　　）

（3）工业机器人全速自动运行作业期间，操作人员需要位于安全保护区域范围内。

（　　）

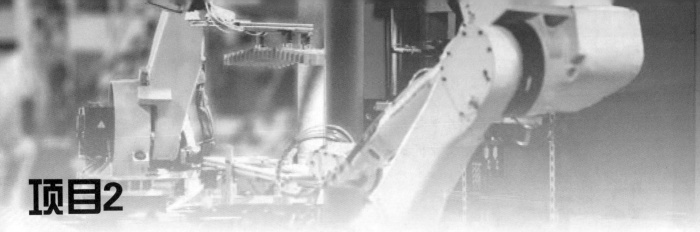

项目2

工业机器人机械拆装

 **项目导言**

    本项目就工业机器人系统外部拆包方法和拆包使用到的工具、测量工具进行了详细的介绍，并设置丰富的实训任务，使学生通过实操进一步掌握工业机器人系统外部拆包的方法和流程。

项目目标

1. 培养能进行工业机器人系统外部拆包的技能；
2. 掌握机械拆装工具与测量工具的功能和使用方法。

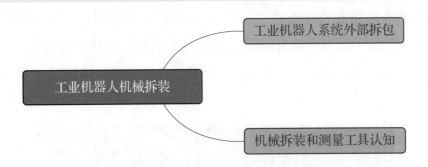

任务 2.1　工业机器人系统外部拆包

任务描述

    在安装某工作站的工业机器人之前，需要先将未拆包的工业机器人、控制柜、示教器从包装箱中取出，根据实际情况选择必要的拆包工具，根据实训指导手册完成工业机器人系统外部拆包。

 **任务目标**

1. 确认拆包前包装箱的外观是否有破损，并确认拆包过程中需要用到的工具；
2. 根据操作步骤完成对工业机器人系统外部拆包。

所需工具

美工刀、活动扳手、十字螺丝刀、纯棉手套、安全帽、安全操作指导书。

学时安排

建议学时共4学时，其中相关知识学习建议1学时；学员练习建议3学时。

工作流程

工业机器人系统外部拆包 —— 工业机器人系统拆包前的准备

工业机器人系统外部拆包 —— 工业机器人系统拆包流程

知识储备

工业机器人系统运达安装现场后，安装人员应该第一时间检查包装箱外观是否有破损，是否有进水等异常情况，如果发现有问题，需要马上联系厂家及物流公司进行处理。工业机器人系统拆包前的状态如图2-1所示，工业机器人拆包过程中用到的工具及防护用品如表2-1所示。

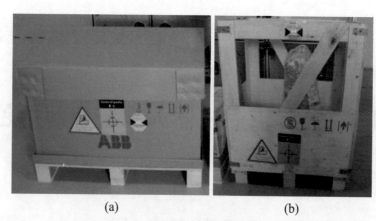

(a)　　　　　　　　　　　(b)

图2-1　工业机器人系统拆包前的状态

表 2-1　工业机器人拆包过程中用到的工具及防护用品

工具名称及规格	图片
美工刀	
十字螺丝刀	
活动扳手	
纯棉手套	
安全帽	

 **任务实施**

　　使用工具对工业机器人本体进行拆包，由于工业机器人本体的包装木箱体积比较大，作业中需要至少 2 名操作人员协同配合完成拆包。拆包过程中需要注意操作人员自身的安全，同时避免与工业机器人本体、控制柜等发生磕碰。工业机器人系统拆包步骤如表 2-2 所示。

工业机器人系统的拆包

表 2-2　工业机器人系统拆包步骤

步骤1：使用十字螺丝刀拧下木箱盖四周的紧固螺钉，如图2-2所示	步骤2：根据箭头方向，2 名操作人员将箱体向上抬起，与包装底座进行分离，然后放置到一边。尽量保证箱体的完整，以便日后重复使用，如图2-3所示
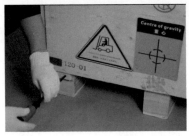 图 2-2　拆卸木箱盖紧固螺钉	 图 2-3　分离箱体与包装底座

步骤3：拆包后可以看到4个部分，包含工业机器人本体、示教器、线缆配件及控制柜，如图2-4所示

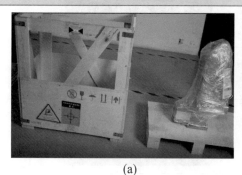 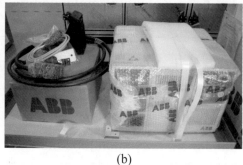

(a)　　　　　　　　　　　　　　　　(b)

图2-4　完成拆包的工业机器人系统

步骤4：使用美工刀辅助拆除工业机器人本体上的包装，注意不要刮伤工业机器人本体，如图2-5所示	步骤5：使用活动扳手卸下固定在工业机器人本体底座上的4个螺母，拆除过程中需要另一名操作人员辅助扶稳本体，防止本体突然侧翻砸伤操作人员，如图2-6所示。工业机器人系统拆包完成
 图2-5　拆除工业机器人本体外包装	 图2-6　拆卸工业机器人本体底座处紧固件

 ## 任务评价

任务评价如表2-3所示，活动过程评价如表2-4所示。

表2-3　任务评价

评价项目	比例	配分	序号	评分标准	扣分标准	自评	教师评价
6S职业素养	30%	30分	1	选用适合的工具实施任务，清理无须使用的工具	未执行扣6分		
			2	合理布置任务所需使用的工具，明确标识	未执行扣6分		
			3	清除工作场所内的脏污，发现设备异常立即记录并处理	未执行扣6分		
			4	规范操作，杜绝安全事故，确保任务实施质量	未执行扣6分		
			5	具有团队意识，小组成员分工协作，共同高质量完成任务	未执行扣6分		

续表

评价项目	比例	配分	序号	评分标准	扣分标准	自评	教师评价
拆包前期准备	20%	20分	1	检查包装箱外观是否有破损，是否有进水等异常情况	未检查扣 10 分		
			2	准备实施工业机器人系统拆包前，正确选择需要使用的工具	未正确执行扣 10 分		
工业机器人系统外部拆包	50%	50分	1	选择适合的工具，按照安全操作规范，将木箱盖完整拆下	未正确执行扣 10 分		
			2	完成木箱盖拆卸后，箱体尽量保持完整，确认工业机器人系统的组成部件齐全	未正确执行扣 20 分		
			3	选用适合的工具，拆卸工业机器人本体的外包装，完成操作后未刮伤工业机器人本体	未正确执行扣 10 分		
			4	使用合适的工具卸下工业机器人本体底座上的螺母	未正确执行扣 10 分		
合计							

表 2-4　活动过程评价

评价指标	评价要素	分数/分	分数评定
信息检索	能有效利用网络资源、工作手册查找有效信息；能用自己的语言有条理地去解释、表述所学知识；能将查找到的信息有效转换到工作中	10	
感知工作	是否熟悉各自的工作岗位，认同工作价值；在工作中，是否获得满足感	10	
参与状态	与教师、同学之间是否相互尊重、理解、平等；与教师、同学之间是否能够保持多向、丰富、适宜的信息交流。 探究学习、自主学习不流于形式，处理好合作学习和独立思考的关系，做到有效学习；能提出有意义的问题或能发表个人见解；能按要求正确操作；能够倾听、协作分享	20	
学习方法	工作计划、操作技能是否符合规范要求；是否获得了进一步发展的能力	10	
工作过程	遵守管理规程，操作过程符合现场管理要求；平时上课的出勤情况和每天完成工作任务情况；善于多角度思考问题，能主动发现、提出有价值的问题	15	
思维状态	是否能发现问题、提出问题、分析问题、解决问题	10	

续表

评价指标	评价要素	分数／分	分数评定
自评反馈	按时按质完成工作任务；较好地掌握专业知识点；具有较强的信息分析能力和理解能力；具有较为全面严谨的思维能力并能条理明晰地表述成文	25	
总分		100	

任务 2.2　机械拆装和测量工具认知

任务描述

在进行工业机器人本体和控制柜的拆装之前，需要了解机械拆装过程中使用的机械拆装工具和测量工具的功能和作用，请根据工业机器人本体、控制柜的实际情况，并根据实训指导手册选用机械拆装和测量需要用到的工具。

任务目标

能选用合适的机械拆装工具对工业机器人本体、控制柜进行拆装和测量。

所需工具

工业机器人本体维护与维修标准工具包、控制柜维护与维修标准工具包、数字显示张力计。

学时安排

建议学时共 2 学时，其中相关知识学习建议 1 学时；学员练习建议 1 学时。

工作流程

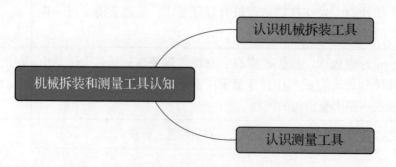

知识储备

1. 认识机械拆装工具

工业机器人进行运维的过程中，涉及对电气系统、工业机器人本体、控制柜进行拆装。在此过程中除了需要用到常规的电工常备的工具及仪表以外，还会用到一些特定的工具。工业机器人系统涉及的机械拆装工具如表2-5所示。

带你认识机械拆装的神兵利器

表2-5 工业机器人系统涉及的机械拆装工具

序号	工具及规格	工具示意图	工具的功能
1	内六角加长球头扳手		内六角加长球头扳手主要用来拆装内六角螺钉，通过扳手手柄可以施加对螺钉的扭矩作用力，大大降低了使用者的用力强度
2	梅花加长扳手		主要用来拆装梅花形螺钉。例如可以使用梅花形扳手打开控制柜计算机单元盖板
3	扭矩扳手（规格：0~60 N·m 1/2 的棘轮头）		当螺钉和螺栓的紧密度至关重要的情况下，使用扭矩扳手可以允许操作员施加特定扭矩值。例如可以使用扭矩扳手安装工业机器人下臂到2轴减速机（满足拧紧转矩4 N·m）
4	橡胶锤（规格：25 mm、30 mm）		橡胶具有一定的弹性，使用橡胶锤可以柔和地敲击工件，尽可能地不损伤工件的油气层。例如在安装定位销的时候可以使用橡胶锤进行敲击

序号	工具及规格	工具示意图	工具的功能
5	斜口钳，规格 6英寸[①]		斜口钳用来剪断塑料或金属的连接部位。例如可以用斜口钳剪断电动机轴电缆的电缆线扎，或者控制柜中的一些尼龙扎带
6	带球头的T形内六角扳手		带球头的T形内六角加长球头扳手主要用来拆装工业机器人本体上的一些内六角螺钉
7	尖嘴钳 （规格：6英寸）		尖嘴钳主要用来剪切线径较细的单股与多股线，以及给单股导线接头弯圈、剥塑料绝缘层等
8	梅花螺丝刀（规格：T×10，T×25）		主要用来拆装梅花形螺钉
9	一字螺丝刀 （4 mm、8 mm、 12 mm）		主要用来拆装工业机器人本体及控制柜中的一字螺钉
10	套筒扳手 （规格：8 mm系列）		套筒扳手是拆卸螺栓最方便、灵活且安全的工具。使用套筒扳手不易损坏螺母的棱角
11	小型螺丝刀套装		主要用于拆装需要使用一字螺钉和十字螺钉的小型电气部件

① 1英寸 = 25.4毫米。

2. 认识测量工具

工业机器人系统涉及的测量工具如表 2-6 所示。

表 2-6　工业机器人系统涉及的测量工具

序号	工具及规格	工具示意图	工具的功能
1	音波式数字显示张力计		音波式数字显示张力计通过模拟信号处理，测出不同条件下的振动波形，并可读出波形的周期，通过周期波数频率的处理，换算出张力值。例如可以用张力计测试出同步带张紧后的张力
2	数字式万用表		万用表可测量直流电流、直流电压、交流电流、交流电压、电阻和音频电平等，有的还可以测交流电流、电容量、电感量及半导体的一些参数
3	手持弹簧秤		弹簧秤又叫弹簧测力计，是利用弹簧的形变与外力成正比的关系制成的测量作用力大小的装置。可以使用手持弹簧秤测量同步带的张力
4	卷尺		卷尺用于测量距离或较长的零部件的尺寸。可以使用卷尺测量出工艺单元模块在工作站台面上的安装位置
5	游标卡尺		游标卡尺是用于测量长度、内外径、深度的量具。可以使用游标卡尺对尺寸未知的安装孔位大小进行测量，以便选用合适尺寸的紧固件

任务评价

任务评价如表2-7所示，活动过程评价如表2-8所示。

表2-7 任务评价

评价项目	比例	配分	序号	评分标准	扣分标准	自评	教师评价
6S职业素养	30%	30分	1	选用适合的工具实施任务，清理无须使用的工具	未执行扣6分		
			2	合理布置任务所需使用的工具，明确标识	未执行扣6分		
			3	清除工作场所内的脏污，发现设备异常立即记录并处理	未执行扣6分		
			4	规范操作，杜绝安全事故，确保任务实施质量	未执行扣6分		
			5	具有团队意识，小组成员分工协作，共同高质量完成任务	未执行扣6分		
机械拆装和测量工具认知	70%	70分	1	能够根据螺钉类型，选用适合类型和型号的拆装工具	未掌握扣10分		
			2	当螺钉和螺栓的紧密度至关重要的情况下，能够选用适合的工具，使操作员可以在锁紧紧固件时施加特定扭矩值	未掌握扣20分		
			3	能够根据电气接线需求，选用适合的工具实施剪断接线、剥塑料绝缘层等操作	未掌握扣10分		
			4	能够选用正确的测量工具，测量同步带的张紧力或者张紧频率	未掌握扣10分		
			5	能够选用正确的测量工具，测量机械安装时零部件的尺寸	未掌握扣10分		
			6	能够选用正确的测量工具，测量电气系统中电流、电压、电阻等参数	未掌握扣10分		
合计							

表2-8 活动过程评价

评价指标	评价要素	分数/分	分数评定
信息检索	能有效利用网络资源、工作手册查找有效信息；能用自己的语言有条理地去解释、表述所学知识；能将查找到的信息有效转换到工作中	10	
感知工作	是否熟悉各自的工作岗位，认同工作价值；在工作中，是否获得满足感	10	
参与状态	与教师、同学之间是否相互尊重、理解、平等；与教师、同学之间是否能够保持多向、丰富、适宜的信息交流。 探究学习、自主学习不流于形式，处理好合作学习和独立思考的关系，做到有效学习；能提出有意义的问题或能发表个人见解；能按要求正确操作；能够倾听、协作分享	20	
学习方法	工作计划、操作技能是否符合规范要求；是否获得了进一步发展的能力	10	
工作过程	遵守管理规程，操作过程符合现场管理要求；平时上课的出勤情况和每天完成工作任务情况；善于多角度思考问题，能主动发现、提出有价值的问题	15	
思维状态	是否能发现问题、提出问题、分析问题、解决问题	10	
自评反馈	按时按质完成工作任务；较好地掌握专业知识点；具有较强的信息分析能力和理解能力；具有较为全面严谨的思维能力并能条理明晰地表述成文	25	
总分		100	

项目知识测评

1. 单选题

（1）以下哪个不是工业机器人系统拆包时需要用到的工具？（　　　）

A. 美工刀　　　　　B. 活动扳手　　　　　C. 万用表　　　　　D. 一字螺丝刀

（2）（　　　）主要用于拆装需要使用一字螺钉和十字螺钉的小型电气部件。

A. 带球头的 T 形内六角扳手　　　　　B. 橡胶锤

C. 小型螺丝刀套装　　　　　D. 斜口钳

（3）（　　　）是用于测量长度、内外径、深度的量具。

A. 游标卡尺　　　　　B. 数字式万用表　　　　　C. 卷尺　　　　　D. 手持弹簧秤

2. 多选题

（1）工业机器人运达安装现场后，安装人员应该第一时间检查包装箱（　　　）。

A. 外观是否有破损　　　　　B. 是否有进水

C. 大小 D. 颜色

（2）以下哪些工具属于测量工具？（ ）

A. 音波式数字显示张力计 B. 数字式万用表

C. 手持弹簧秤 D. 内六角扳手

（3）以下哪些工具属于拆装工具？（ ）

A. 内六角加长球头扳手 B. 梅花加长扳手

C. 手持弹簧秤 D. 扭矩扳手

3. 判断题

（1）在进行工业机器人拆包的过程中可以不用佩戴纯棉手套。 （ ）

（2）使用橡胶锤可以柔和地敲击工件，尽可能地不损伤工件的油气层。 （ ）

（3）工业机器人拆包后可以看到 3 个部分，包含工业机器人本体、线缆配件及控制柜。

（ ）

4. 简答题

（1）简述机械拆装工具的步骤。

（2）简述工业机器人系统外部拆包的步骤。

（3）简述数字式万用表的功能。

项目3

工业机器人安装

 **项目导言**

本项目围绕工业机器人系统的安装内容，讲解识读工作站机械布局图的方法，并讲解按照机械布局图安装工业机器人本体、工业机器人控制柜、工业机器人示教器、工业机器人末端工具的方法。项目设置了丰富的实训任务，使学生通过实操进一步理解工业机器人本体、控制柜、示教器、末端工具的安装方法。

项目目标

1. 培养识读工业机器人工作站机械布局图的能力；
2. 培养安装工业机器人本体的技能；
3. 培养安装工业机器人控制柜的技能；
4. 培养安装工业机器人示教器的技能；
5. 培养安装各种工业机器人末端工具的技能。

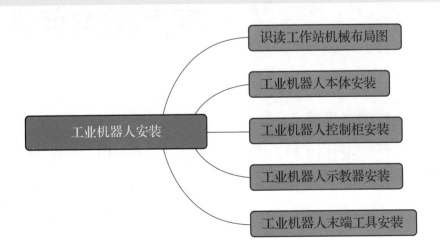

识读工作站机械布局图

工业机器人本体安装

工业机器人安装 — 工业机器人控制柜安装

工业机器人示教器安装

工业机器人末端工具安装

任务 3.1 识读工作站机械布局图

 任务描述

根据某工作站的机械布局图，识读并确定工作站台面上的各个工艺单元和主要部件的安装位置，了解各个组成工艺单元的功能。

 任务目标

1. 根据工作站的机械布局图，识别工作站各个工艺单元和主要部件的安装位置；
2. 了解工作站各个工艺单元的功能。

 所需工具

工作站机械布局图。

 学时安排

建议学时共 3 学时，其中相关知识学习建议 1 学时；学员练习建议 2 学时。

 工作流程

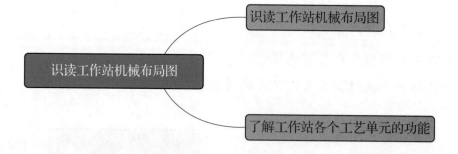

 **知识储备**

1. 识读工作站机械布局图

通过工作站机械布局图可以了解工作站各个工艺单元在台面上的具体位置，在安装各个工艺单元的时候，需要根据这些具体安装位置的尺寸进行单元模块的安装。图 3-1 所示为工作站机械布局图。

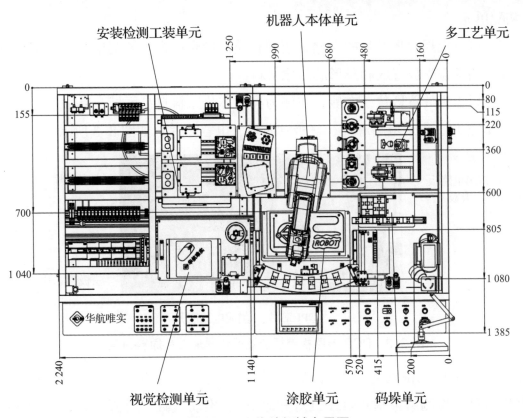

图 3-1　工作站机械布局图

2. 了解工作站各个工艺单元的功能

工作站整体结构布局图如图 3-2 所示。

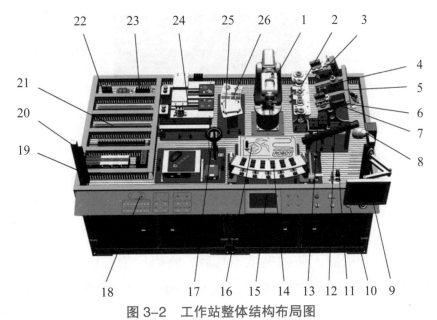

图 3-2　工作站整体结构布局图

1—工业机器人；2—工具架；3—变位机；4—打磨装置；5—待焊接工件；6—压力控制显示器；7—抛光区域；
8—监控摄像头；9—视觉检测结果显示屏；10—操作面板；11—单元电、气路接口；12—码垛平台 A；
13—码垛平台 B；14—智能仓储料架；15—触摸屏；16—涂胶台；17—视觉检测单元；18—PLC 控制器 I/O 接线区；
19—光栅传感器；20—PLC 总控单元；21—电路控制接线区；22—压力开关；23—气动控制接线区；
24—安装检测工装单元；25—PCB 电路板盖板；26—异形芯片原料料盘

1）装配单元

装配单元可以实现异形芯片的存储、装配和模拟检测过程。装配单元包括安装检测工装单元、PCB 电路板盖板放置区和异形芯片原料料盘。

PCB 电路板盖板放置区位于左侧，右侧为异形芯片原料料盘区域，其中包含 4 种类型的芯片，即 CPU 芯片、集成电路芯片、三极管芯片、电容芯片，如图 3-3 所示。

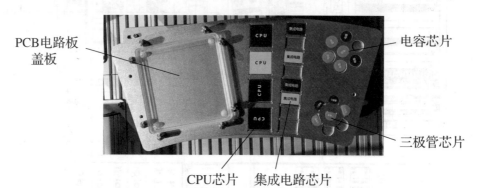

图 3-3　PCB 电路板盖板放置区和异形芯片原料料盘

安装检测工装单元由两对安装检测工位组成，每对工位包括芯片安装工位、检测工位、检测指示灯、检测结果指示灯（红灯和绿灯）、推动气缸、升降气缸，如图 3-4 所示，其中推动气缸和升降气缸都带有限位传感器，安装检测工装单元可以实现对 PCB 电路板的安装和模拟检测。

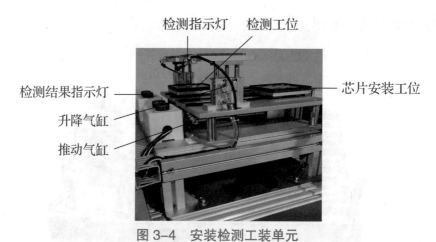

图 3-4　安装检测工装单元

2）码垛单元

码垛单元可实现工业机器人装载夹爪工具后，将码垛物料由码垛平台 A 搬运并码垛到码垛平台 B。其中码垛平台 A 模拟传送带，队列式地传送码垛物料块，最多可以同时容纳 6 块码垛物料块;码垛平台 B 分为左右两部分，每个部分单层可容纳 3 块码垛物料，如图 3-5 所示。

码垛平台B
1号工位
码垛平台A
2号工位

图 3-5 码垛工艺区

3）涂胶单元

涂胶工艺区将工业机器人涂胶工艺功能抽象化，可实现工业机器人装载涂胶工具状态下，沿涂胶台上的不同产品外轮廓轨迹运动，模拟涂胶工艺过程。

4）视觉检测单元

视觉检测单元包含光源、相机、镜头和视觉控制器，在该工艺区可以对工业机器人吸取的异形芯片的颜色、形状等信息进行检测和提取，工业机器人可以根据检测结果对芯片进行分拣和安装。

5）焊接工艺区

焊接工艺区可以实现对工件的模拟激光焊接，工艺区配备有变位机，在变位机的协同作用下可以实现对待焊接工件不同面上接缝的焊接，如图 3-6 所示。

6）打磨工艺区

打磨工艺区可以实现对工件的打磨。

7）抛光工艺区

抛光工艺区包含抛光工位夹具、压力传感器以及压力控制显示器。在零件抛光的过程中，压力传感器会实时监测抛光头

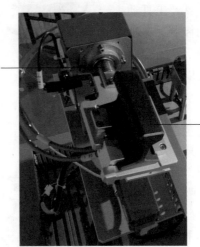

变位机
待焊接工件

图 3-6 焊接工艺区

对于工件的抛光压力，并显示在压力控制显示器上。当抛光压力过大超出设定的最大值时，出于工作安全的考虑，工业机器人会立即停止抛光加工。

8）智能仓储料架

智能仓储料架分为 2 层，上层存放了用于码垛的物料块，下层存放了待焊接工件，如图 3-7 所示，伸缩气缸可以带动智能仓储料架沿着导轨移动，当智能仓储料架移动到靠近工业机器人本体一侧的时候，智能仓储料架进入工业机器人工作空间范围之内，从而使工业机器人能够取到料架上面的物料。

码垛物料块

待焊接工件

伸缩气缸

导轨

图 3-7 智能仓储料架

9）工艺加工工具

在本工作站中，为实现码垛、涂胶、异形芯片分拣安装、打磨、抛光、焊接工艺的应用，需要配备不同的工艺加工工具，末端工具的快速更换通过工具快换装置来实现。工艺加工工具如表 3-1 所示。

表 3-1 工艺加工工具

名称	图片	名称	图片
1. 夹爪工具，工具动作通过气动控制，夹爪动作分为张开 / 闭合两种状态，可以用于焊接工件的夹取		4. 涂胶工具，在涂胶板上进行涂胶时需要使用涂胶工具	
2. 吸盘工具，动作通过气动控制，吸盘工具分为 4 个大吸盘和 1 个小吸盘，吸盘动作为吸取 / 松开两种状态，4 个大吸盘用于吸取 PCB 电路板盖板，1 个小吸盘用于吸取异形芯片		5. 抛光工具，该工具可用于对焊接工件焊接过后的抛光加工	
3. 焊接工具，用于对待焊工件进行模拟激光焊接时使用		6. 打磨工具，位于多工艺单元的工作台面上，可以用于焊接工件进行激光焊接之前的预处理加工	

 **任务评价**

任务评价如表 3-2 所示，活动过程评价如表 3-3 所示。

表 3-2　任务评价

评价项目	比例	配分	序号	评分标准	扣分标准	自评	教师评价
6S职业素养	30%	30分	1	选用适合的工具实施任务，清理无须使用的工具	未执行扣6分		
			2	合理布置任务所需使用的工具，明确标识	未执行扣6分		
			3	清除工作场所内的脏污，发现设备异常立即记录并处理	未执行扣6分		
			4	规范操作，杜绝安全事故，确保任务实施质量	未执行扣6分		
			5	具有团队意识，小组成员分工协作，共同高质量完成任务	未执行扣6分		
认识工作站	70%	70分	1	了解工作站机械布局图	未掌握扣25分		
			2	明确装配单元的功能	未掌握扣5分		
			3	明确码垛单元的功能	未掌握扣5分		
			4	明确涂胶单元的功能	未掌握扣5分		
			5	明确视觉检测单元的功能	未掌握扣5分		
			6	明确焊接工艺区的功能	未掌握扣5分		
			7	明确打磨工艺区的功能	未掌握扣5分		
			8	明确抛光工艺区的功能	未掌握扣5分		
			9	明确智能仓储料架的功能	未掌握扣5分		
			10	认识并会使用工艺加工工具	未掌握扣5分		
合计							

表 3-3　活动过程评价

评价指标	评价要素	分数/分	分数评定
信息检索	能有效利用网络资源、工作手册查找有效信息；能用自己的语言有条理地去解释、表述所学知识；能将查找到的信息有效转换到工作中	10	
感知工作	是否熟悉各自的工作岗位，认同工作价值；在工作中，是否获得满足感	10	
参与状态	与教师、同学之间是否相互尊重、理解、平等；与教师、同学之间是否能够保持多向、丰富、适宜的信息交流。 探究学习、自主学习不流于形式，处理好合作学习和独立思考的关系，做到有效学习；能提出有意义的问题或能发表个人见解；能按要求正确操作；能够倾听、协作分享	20	
学习方法	工作计划、操作技能是否符合规范要求；是否获得了进一步发展的能力	10	
工作过程	遵守管理规程，操作过程符合现场管理要求；平时上课的出勤情况和每天完成工作任务情况；善于多角度思考问题，能主动发现、提出有价值的问题	15	
思维状态	是否能发现问题、提出问题、分析问题、解决问题	10	
自评反馈	按时按质完成工作任务；较好地掌握专业知识点；具有较强的信息分析能力和理解能力；具有较为全面严谨的思维能力并能条理明晰地表述成文	25	
总分		100	

任务 3.2　工业机器人本体安装

任务描述

根据某工作站的机械布局图参照实训指导手册中的流程将工业机器人安装到工作站台面上。

任务目标

1. 根据工作站机械布局图确定工业机器人的安装位置；
2. 完成底板及工业机器人本体的安装。

所需工具

扭矩扳手、内六角扳手套组、卷尺、安全操作指导书。

 学时安排

建议学时共 3 学时，其中相关知识学习建议 1 学时；学员练习建议 2 学时。

 工作流程

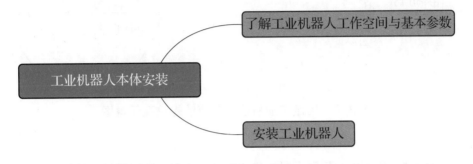

 **知识储备**

安装前需完成以下检查内容，确保安装条件满足要求，安装前需要检查的内容如表 3-4 所示。图 3-8 和表 3-5 所示分别为固定工业机器人时使用的螺纹孔配置和紧固件的要求。

表 3-4　安装前的检查内容

序号	检查内容
1	目测检查工业机器人确保其未受损
2	确保所用的吊升装置适合于工业机器人本体的搬运操作
3	确保工业机器人的操作环境符合规范要求
4	将工业机器人运到其安装现场前，请确保该现场符合安装和防护条件
5	移动工业机器人前，请先查看工业机器人的稳定性
6	满足这些先决条件后，即可将工业机器人运到其安装现场
7	如果工业机器人运送到安装现场后未直接进行安装，则必须按照环境指标要求进行储存

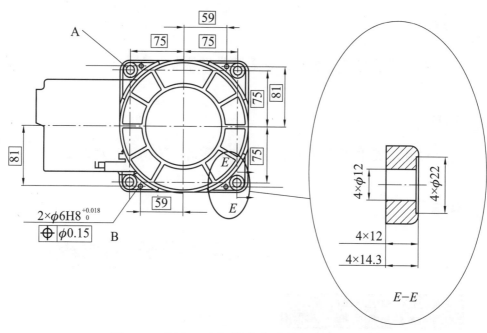

图 3-8　固定工业机器人底座的螺纹孔示意图

A—4 个连接螺纹孔；B—2 个针脚孔

表 3-5　固定工业机器人时使用的螺钉、垫圈、销钉及拧紧转矩大小

螺钉类型	
螺钉	4 个，M10×25
螺钉的强度等级	
质量	8.8–A3F
垫圈类型	
垫圈	10 mm
销钉类型	
销钉	2 个，ϕ6 mm×20 mm ISO 2338–6 m6×30 –A1
拧紧螺钉时所需的扭矩大小	
拧紧转矩	35 N·m

任务实施

　　工作站机械布局图上的工业机器人的安装位置是根据工业机器人的工作空间可达范围、工作站各个工艺模块的位置合理规划的，保证安装完成后的工业机器人不与工作站上的其他设备发生干涉，并且能够顺利地取放工具、进行各种工艺加工。安装工业机器人的操作步骤如表 3-6 所示。

工业机器人的
安装

表 3-6　安装工业机器人的操作步骤

步骤1：查看工作站机械布局图上工业机器人底板的安装位置，使用卷尺测量出工业机器人底板的安装位置并在工作站台面上做好相应的记号，如图3-9所示	步骤2：将M5内六角螺钉、T形螺母先装到底板的固定孔位上，这样便于后续的安装。将底板放置到已经测量出的台面安装位置上。使用规格为4 mm的内六角扳手锁紧螺钉，固定工业机器人底板。考虑受力平衡的问题，锁紧时需以十字对角的顺序锁紧螺钉，如图3-10所示
 图 3-9　底板的安装位置测量标记	 图 3-10　底板紧固
步骤3：安装2个φ6 mm×20 mm的销钉，用于对工业机器人进行定位，如图3-11所示	步骤4：使用高架起重机吊升工业机器人，在工业机器人表面与圆形吊带直接接触的地方，垫放厚布，避免对工业机器人的表面造成磨损。对齐工业机器人底座安装孔位和底板孔位，如图3-12所示。使用扭矩扳手、4个M10×25内六角螺钉、弹簧垫圈紧固工业机器人底座与底板。考虑受力平衡的问题，锁紧时需采用十字对角的顺序锁紧螺钉，拧紧力矩要求达到35 N·m
 图 3-11　销钉位置	 图 3-12　对齐工业机器人底座安装孔位和底板孔位
步骤5：最后使用内六角扳手将固定工业机器人姿态的支架拆除，完成工业机器人本体的安装，如图3-13所示	
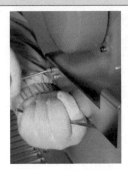 图 3-13　拆除固定工业机器人姿态的支架	

 **任务评价**

任务评价如表 3-7 所示,活动过程评价如表 3-8 所示。

表 3-7　任务评价

评价项目	比例	配分	序号	评分标准	扣分标准	自评	教师评价
6S职业素养	30%	30分	1	选用适合的工具实施任务,清理无须使用的工具	未执行扣6分		
			2	合理布置任务所需使用的工具,明确标识	未执行扣6分		
			3	清除工作场所内的脏污,发现设备异常立即记录并处理	未执行扣6分		
			4	规范操作,杜绝安全事故,确保任务实施质量	未执行扣6分		
			5	具有团队意识,小组成员分工协作,共同高质量完成任务	未执行扣6分		
安装前期准备	20%	20分	1	目测检查工业机器人确保其未受损	未检查扣5分		
			2	确保所用的吊升装置适合于工业机器人本体的搬运操作	未检查扣5分		
			3	确保工业机器人的操作环境符合规范要求	未检查扣5分		
			4	将工业机器人运到其安装现场前,请确保该现场符合安装和防护条件	未检查扣5分		
工业机器人系统外部拆包	50%	50分	1	能够识读工作站机械布局图,明确工业机器人底板的安装位置	未正确执行扣10分		
			2	使用适合的工具测量出工业机器人底板的安装位置并在工作站台面上做好相应的记号	未正确执行扣10分		
			3	将螺钉、螺母装到合理的固定孔位上,并将底板放置到安装位置上	未正确执行扣5分		
			4	使用适合的工具固定工业机器人底板,并对工业机器人进行定位	未正确执行扣10分		
			5	使用适合的工具吊升工业机器人,将工业机器人底座安装孔位和底板孔位对齐	未正确执行扣10分		
			6	使用适合的工具紧固工业机器人底座与底板,并在安装完成后将支架拆除	未正确执行扣5分		
合计							

表 3-8　活动过程评价

评价指标	评价要素	分数 / 分	分数评定
信息检索	能有效利用网络资源、工作手册查找有效信息；能用自己的语言有条理地去解释、表述所学知识；能将查找到的信息有效转换到工作中	10	
感知工作	是否熟悉各自的工作岗位，认同工作价值；在工作中，是否获得满足感	10	
参与状态	与教师、同学之间是否相互尊重、理解、平等；与教师、同学之间是否能够保持多向、丰富、适宜的信息交流。　探究学习、自主学习不流于形式，处理好合作学习和独立思考的关系，做到有效学习；能提出有意义的问题或能发表个人见解；能按要求正确操作；能够倾听、协作分享	20	
学习方法	工作计划、操作技能是否符合规范要求；是否获得了进一步发展的能力	10	
工作过程	遵守管理规程，操作过程符合现场管理要求；平时上课的出勤情况和每天完成工作任务情况；善于多角度思考问题，能主动发现、提出有价值的问题	15	
思维状态	是否能发现问题、提出问题、分析问题、解决问题	10	
自评反馈	按时按质完成工作任务；较好地掌握专业知识点；具有较强的信息分析能力和理解能力；具有较为全面严谨的思维能力并能条理明晰地表述成文	25	
总分		100	

任务 3.3　工业机器人控制柜安装

任务描述

　　某工作站已完成工业机器人本体的安装，接下来需要完成工业机器人控制柜的安装及接线，在认识了控制柜的整体结构和组成之后，根据实训指导手册完成工业机器人控制柜的安装与接线。

任务目标

　　1. 了解工业机器人控制柜的内部结构和组成；

　　2. 能确认工业机器人控制柜安装前的环境条件；

　　3. 能正确完成工业机器人控制柜的安装、控制柜与工业机器人本体电缆线连接、控制柜电源线的安装以及与外部电源的连接。

 **所需工具**

内六角扳手套组、十字螺丝刀、一字螺丝刀、梅花加长扳手、安全操作指导书。

 学时安排

建议学时共 3 学时，其中相关知识学习建议 1 学时；学员练习建议 2 学时。

 工作流程

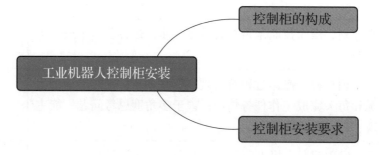

 知识储备

1. 控制柜的构成

下面以 IRC5 Compact 型控制柜为例来介绍控制柜的构成，首先了解一下工业机器人控制柜正面的线缆接口、按钮及一些组成模块，如图 3-14 所示。

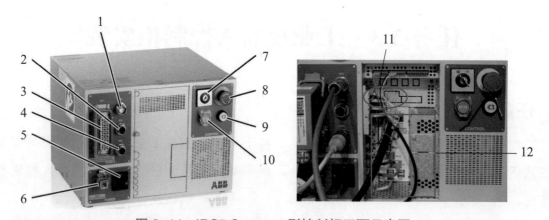

图 3-14　IRC5 Compact 型控制柜正面示意图

1—XS4 示教器线缆接口；2—XS41 附加轴 SMB 电缆接口；3—XS1 工业机器人供电接口；
4—XS2 工业机器人 SMB 电缆接口；5—主电源开关；6—XP0 主电源接口；7—模式开关；
8—紧急停止按钮；9—电机开启按钮；10—制动闸释放按钮（位于盖子下）；
11—I/O 模块接口；12—主计算机模块

2. 控制柜安装要求

在现场安装控制柜的时候，需要考虑安装场地的温度条件是否符合控制柜工作时允许的环境温度条件，控制柜工作时允许的环境温度范围为 0℃（32 ℉）~+45℃（113 ℉），最大环境湿度为恒温下 95%。IRC5 Compact 型控制柜的防护等级为 IP20。

此外还需要考虑控制柜所需的安装空间，保证控制柜工作时能够散热充分。如果控制柜装在台面上（非机架安装型），则其左右两边各需要 50 mm 的自由空间，控制柜背面需要 100 mm 的自由空间，如图 3-15 所示，另外切勿将客户电缆放置在控制柜部的风扇盖上，这将使检查难以进行并导致冷却不充分。

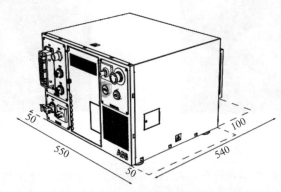

图 3-15　IRC5 Compact 型控制柜安装位置示意图

 任务实施

工业机器人控制
柜的安装

IRC5 Compact 型控制柜的安装步骤如表 3-9 所示。

表 3-9　IRC5 Compact 型控制柜的安装步骤

步骤1：将控制柜安放到合适的位置，左右两侧和背面留出足够的空间。

将动力电缆标注为XP1的接头接入控制柜XS1接口上，安装时注意接头的插针与接口的插孔对准，并锁紧接头，如图3-16所示。然后，将动力电缆另一端的接头接入工业机器人本体底座的对应R1.MP接口上，连接时注意插针与插孔对准

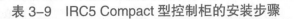

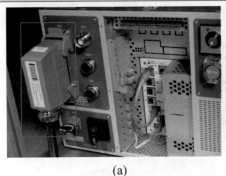

(a)　　　　　　　　　　　(b)　　　　　　　　　　　(c)

图 3-16　动力电缆接线

（a）控制柜 XS1 的接口处接线；（b）动力线缆本体端接头；（c）工业机器人本体底座 R1.MP 接口

步骤2：使用一字螺丝刀锁紧螺钉，考虑到受力平衡，锁紧时需要十字对角的顺序锁紧螺钉，如图3-17所示	步骤3：然后将SMB电缆控制柜一端的接头插入控制柜XS2接口上，安装时注意插针与接口对准，并且旋紧接头，如图3-18所示。然后将工业机器人本体一端的SMB电缆接头插入工业机器人底座SMB接口上，安装时注意插针和接口对准，并且旋紧接头

(a)   (b)

图 3-17　锁紧动力线缆接头

图 3-18　将 SMB 电缆控制柜一端的接头插入控制柜 XS2 接口

步骤4：根据工业机器人控制柜铭牌得知，IRB120型的工业机器人使用单相220 V电源供电，最大功率0.55 kW。根据此参数，准备电源线并且制作控制柜端的接头，如图3-19所示

 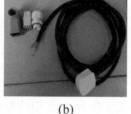 

(a)   (b)   (c)

图 3-19　准备电源线并制作控制柜端的接头

步骤5：根据步骤4的火线、地线、零线的接口定义进行接线，一定要将电线涂锡后插入接头压紧，如图3-20所示。完成电源线的制作	步骤6：将电源接头插入控制柜XP0接口并锁紧，IRC5 Compact型控制柜的安装及接线完成，如图3-21所示。启动工业机器人系统之前，需要将电源接头的另一端插到插座上

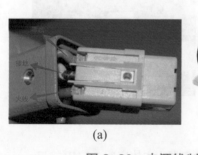 

(a)   (b)

图 3-20　电源线制作

图 3-21　将电源接头插入控制柜 XP0 接口并锁紧

 **任务评价**

任务评价如表 3-10 所示，活动过程评价如表 3-11 所示。

表 3-10 任务评价

评价项目	比例	配分	序号	评分标准	扣分标准	自评	教师评价
6S 职业素养	30%	30分	1	选用适合的工具实施任务，清理无须使用的工具	未执行扣6分		
			2	合理布置任务所需使用的工具，明确标识	未执行扣6分		
			3	清除工作场所内的脏污，发现设备异常立即记录并处理	未执行扣6分		
			4	规范操作，杜绝安全事故，确保任务实施质量	未执行扣6分		
			5	具有团队意识，小组成员分工协作，共同高质量完成任务	未执行扣6分		
安装前期准备	20%	20分	1	明确控制柜工作时允许的环境温度、湿度，能够判断安装场地环境是否满足安装条件	未检查扣10分		
			2	明确控制柜所需的安装空间，保证控制柜工作时能够散热充分	未检查扣10分		
工业机器人系统外部拆包	50%	50分	1	正确完成工业机器人动力线缆的安装	未正确执行扣12分		
			2	正确完成工业机器人 SMB 线缆的安装	未正确执行扣12分		
			3	能够按照工业机器人系统供电要求，正确完成电源线的制作	未正确执行扣12分		
			4	正确完成控制柜端电源线的连接，完成 IRC5 Compact 型控制柜的安装及接线	未正确执行扣14分		
合计							

表 3-11　活动过程评价

评价指标	评价要素	分数/分	分数评定
信息检索	能有效利用网络资源、工作手册查找有效信息；能用自己的语言有条理地去解释、表述所学知识；能将查找到的信息有效转换到工作中	10	
感知工作	是否熟悉各自的工作岗位，认同工作价值；在工作中，是否获得满足感	10	
参与状态	与教师、同学之间是否相互尊重、理解、平等；与教师、同学之间是否能够保持多向、丰富、适宜的信息交流。 探究学习、自主学习不流于形式，处理好合作学习和独立思考的关系，做到有效学习；能提出有意义的问题或能发表个人见解；能按要求正确操作；能够倾听、协作分享	20	
学习方法	工作计划、操作技能是否符合规范要求；是否获得了进一步发展的能力	10	
工作过程	遵守管理规程，操作过程符合现场管理要求；平时上课的出勤情况和每天完成工作任务情况；善于多角度思考问题，能主动发现、提出有价值的问题	15	
思维状态	是否能发现问题、提出问题、分析问题、解决问题	10	
自评反馈	按时按质完成工作任务；较好地掌握专业知识点；具有较强的信息分析能力和理解能力；具有较为全面严谨的思维能力并能条理明晰地表述成文	25	
总分		100	

任务 3.4　工业机器人示教器安装

 **任务描述**

　　某工作站已完成工业机器人本体与控制柜的安装及线路连接，请根据实训指导手册完成工业机器人示教器与控制柜的连接，并完成工业机器人系统的开关机操作。

任务目标

　　1. 根据操作步骤完成工业机器人示教器与控制柜的连接；

　　2. 开机启动工业机器人，对工业机器人、控制柜、示教器的连接线路进行测试；

　　3. 按正确步骤关闭工业机器人系统。

所需工具

安全操作指导书。

 学时安排

建议学时共 3 学时，其中相关知识学习建议 1 学时；学员练习建议 2 学时。

 工作流程

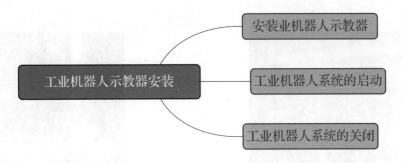

 知识储备

在机器人的使用过程中为了方便控制机器人，并对机器人进行现场编程调试，机器人厂商一般都会配有自己品牌的手持编程器，作为用户与机器人之间的人机对话工具。机器人手持式编程器常被称为示教器。

示教器（图 3-22）是工业机器人控制系统的核心部件，是一个用来注册和存储机械运动或处理记忆的设备，可用于执行与操作工业机器人系统有关的许多任务：运行程序、手动操纵机器人和修改程序等。

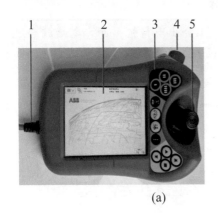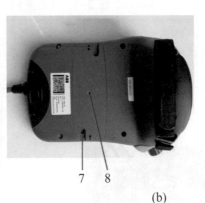

（a）　　　　　　　　　　　　　　　　（b）

图 3-22　示教器的结构

（a）示教器正面；（b）示教器背面

1—连接器；2—触摸屏；3—硬件按钮；4—紧急停止按钮；5—控制杆；6—使能按钮；

7—触摸笔；8—重置按钮；9—USB 接口

任务实施

1. 安装工业机器人示教器

工业机器人示教器的安装步骤比较简单，只需将示教器的电缆接头插到控制柜的对应接口上。工业机器人示教器的安装步骤如表3-12所示。

工业机器人示教器的安装

表3-12　工业机器人示教器的安装步骤

步骤1：将示教器电缆接头插到控制柜XS4接口上，连接时注意对准插针和插孔，并将接口旋紧，如图3-23所示	步骤2：对示教器线缆进行整理并悬挂到示教器线缆支架上，如图3-24所示。将示教器放置到工作站台面上的示教器支架上，工业机器人示教器安装完毕
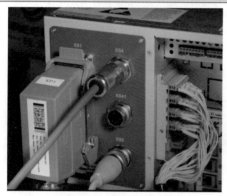 图 3-23　将示教器电缆接头插到控制柜 XS4 接口	 图 3-24　整理示教器线缆

2. 工业机器人系统的启动

在本小节的任务中，需要完成工业机器人系统的启动，通过IRC5 Compact型控制柜上的总电源旋钮来启动工业机器人系统。工业机器人系统的启动步骤如表3-13所示。

工业机器人系统的启动

表3-13　工业机器人系统的启动步骤

步骤1：启动工业机器人，将控制柜上的总电源旋钮从"OFF"旋转至"ON"即可，如图3-25所示	步骤2：示教器上会出现待机画面，之后就会进入示教器的主界面，工业机器人系统启动完成，如图3-26所示
 图 3-25　控制柜上的总电源旋钮	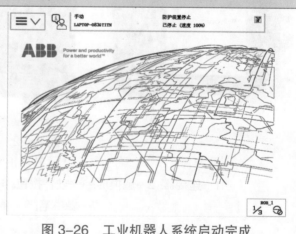 图 3-26　工业机器人系统启动完成

3. 工业机器人系统的关闭

　　在本小节的任务中需要完成工业机器人系统的关闭，通过工业机器人示教器及 IRC5 Compact 型控制柜上的总电源旋钮来关闭工业机器人系统。工业机器人系统的关闭步骤如表 3-14 所示。

工业机器人系统
的关闭

表 3-14　工业机器人系统的关闭步骤

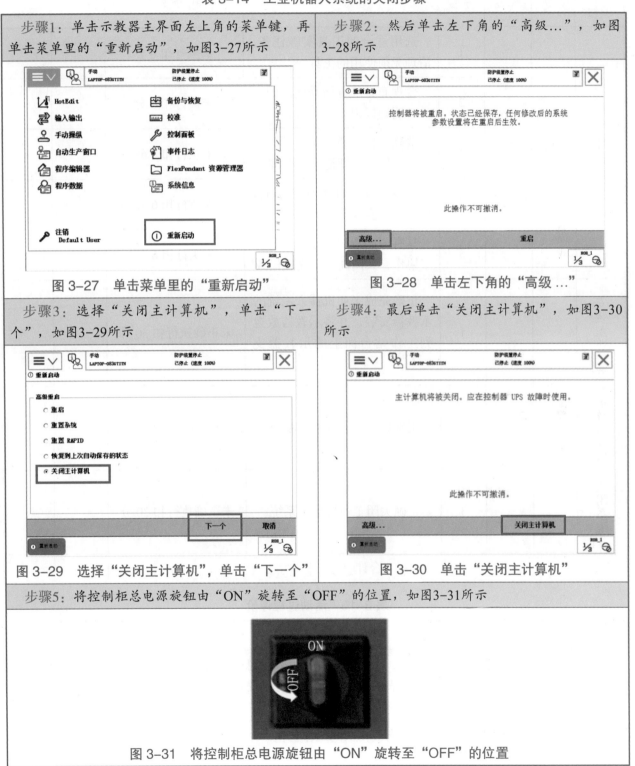

步骤1：单击示教器主界面左上角的菜单键，再单击菜单里的"重新启动"，如图3-27所示	步骤2：然后单击左下角的"高级…"，如图3-28所示
图 3-27　单击菜单里的"重新启动"	图 3-28　单击左下角的"高级…"
步骤3：选择"关闭主计算机"，单击"下一个"，如图3-29所示	步骤4：最后单击"关闭主计算机"，如图3-30所示
图 3-29　选择"关闭主计算机"，单击"下一个"	图 3-30　单击"关闭主计算机"

步骤5：将控制柜总电源旋钮由"ON"旋转至"OFF"的位置，如图3-31所示

图 3-31　将控制柜总电源旋钮由"ON"旋转至"OFF"的位置

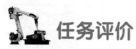 **任务评价**

任务评价如表 3-15 所示，活动过程评价如表 3-16 所示。

表 3-15　任务评价

评价项目	比例	配分	序号	评分标准	扣分标准	自评	教师评价
6S职业素养	30%	30分	1	选用适合的工具实施任务，清理无须使用的工具	未执行扣6分		
			2	合理布置任务所需使用的工具，明确标识	未执行扣6分		
			3	清除工作场所内的脏污，发现设备异常立即记录并处理	未执行扣6分		
			4	规范操作，杜绝安全事故，确保任务实施质量	未执行扣6分		
			5	具有团队意识，小组成员分工协作，共同高质量完成任务	未执行扣6分		
安装工业机器人示教器与启动关闭系统	70%	70分	1	正确完成工业机器人系统的示教器安装，并将示教器放置到工作站台面上的示教器支架上	未正确执行扣30分		
			2	正确启动工业机器人系统	未正确执行扣20分		
			3	正确关闭工业机器人系统	未正确执行扣20分		
合计							

表 3-16　活动过程评价

评价指标	评价要素	分数 / 分	分数评定
信息检索	能有效利用网络资源、工作手册查找有效信息；能用自己的语言有条理地去解释、表述所学知识；能将查找到的信息有效转换到工作中	10	
感知工作	是否熟悉各自的工作岗位，认同工作价值；在工作中，是否获得满足感	10	

评价指标	评价要素	分数 / 分	分数评定
参与状态	与教师、同学之间是否相互尊重、理解、平等；与教师、同学之间是否能够保持多向、丰富、适宜的信息交流。 　探究学习、自主学习不流于形式，处理好合作学习和独立思考的关系，做到有效学习；能提出有意义的问题或能发表个人见解；能按要求正确操作；能够倾听、协作分享	20	
学习方法	工作计划、操作技能是否符合规范要求；是否获得了进一步发展的能力	10	
工作过程	遵守管理规程，操作过程符合现场管理要求；平时上课的出勤情况和每天完成工作任务情况；善于多角度思考问题，能主动发现、提出有价值的问题	15	
思维状态	是否能发现问题、提出问题、分析问题、解决问题	10	
自评反馈	按时按质完成工作任务；较好地掌握专业知识点；具有较强的信息分析能力和理解能力；具有较为全面严谨的思维能力并能条理明晰地表述成文	25	
总分		100	

任务 3.5　工业机器人末端工具安装

任务描述

　　某工作站在进行工艺加工之前，需要先进行末端工具的安装，根据实训指导手册完成工具快换装置主端口的安装，然后将工作站中所有末端工具安装到工业机器人快换装置上。

任务目标

1. 了解工业机器人快换装置的作用和定位方式；
2. 完成工具快换装置主端口的安装；
3. 完成工业机器人末端工具的安装及快换工具。

所需工具

　　内六角扳手套组、橡胶锤、安全操作指导书。

学时安排

建议学时共 3 学时，其中相关知识学习建议 1 学时；学员练习建议 2 学时。

 **工作流程**

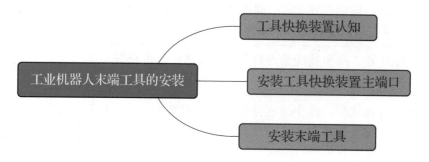

 知识储备

工业机器人是一种通用性较强的自动化作业设备，可根据作业要求在法兰盘上安装各种专用末端工具完成各种动作。如在工业机器人法兰盘上安装夹爪工具，工业机器人可以成为一台搬运码垛工业机器人，安装涂胶工具则成为一台涂胶工业机器人等。工业机器人末端工具是根据不同工艺要求进行设计的，而末端工具的更换是通过工具快换装置进行的，快换装置的主端口通常安装在工业机器人法兰盘上，快换装置的被接端口位于末端工具上，如图 3-32 所示。

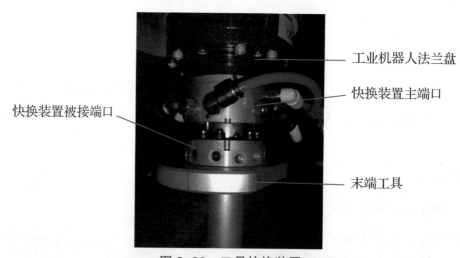

图 3-32 工具快换装置

主端口与被接端口对接的定位位置有两个：被接端口的限位凹槽与主端口限位钢珠之间的定位，以及被接端口的定位销槽与主端口定位销的定位。此不对称结构的设计，可有效防止周向的错误配合，从而实现了整个工具快换装置的精准定位。图 3-33 所示为工具快换装置的主端口和被接端口的定位位置。

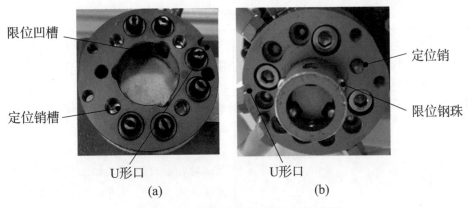

图 3-33　工具快换装置的定位位置

（a）被接端口；（b）主端口

 任务实施

1. 安装工具快换装置主端口

在安装末端工具之前，首先需要将工具快换装置的主端口安装到工业机器人法兰盘上。安装工具快换装置主端口的操作步骤如表 3-17 所示。

给机器人装上"神奇之手"

表 3-17　安装工具快换装置主端口的操作步骤

步骤1：将定位销（工业机器人附带配件）安装在IRB120工业机器人法兰盘对应的销孔中，安装时切勿倾斜、重击，必要时可使用橡胶锤敲击，如图3-34所示	步骤2：对准快换装置主端口上的销孔和定位销、对齐螺纹安装孔，将快换装置主端口安装在工业机器人法兰盘上，如图3-35所示。安装M5×40规格的内六角螺钉，使用规格为4 mm的内六角扳手锁紧螺钉，紧固快换装置主端口与法兰盘，考虑到受力平衡，锁紧时需要十字对角的顺序锁紧螺钉
 图 3-34　安装定位销	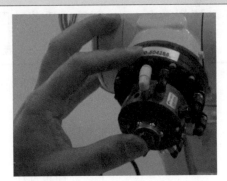 图 3-35　安装快换装置主端口

2. 安装末端工具

此任务需要手动将末端工具安装到工业机器人快换装置主端口上，在安装末端工具之前首先需要根据工作站气路图完成控制快换装置主端口动作的气路连接，此部分的气路连接方法可以参见"任务 4.3"。安装末端工具的操作步骤如表 3-18 所示。

表 3-18　安装末端工具的操作步骤

步骤1：按下控制快换主端口动作的电磁阀上的手动调试按钮，气源向快换装置主端口一侧的气路供气，使快换装置主端口中的活塞上移，锁紧钢珠缩回，如图3-36所示	步骤2：手动将末端工具安装到主端口上，注意需要对齐末端工具被接端口与快换装置主端口上的U形口，如图3-37所示。松开控制快换装置主端口电磁阀动作的手动调试按钮，锁紧钢珠弹出，使工具快换装置锁紧末端工具。 再次按下控制快换装置主端口电磁阀动作的手动调试按钮就可以将末端工具拆卸下来，拆卸时注意另一手需要扶住脱开的工具，避免工具脱开后直接坠落损坏工具及周边设备
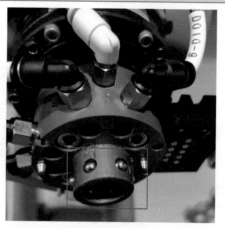　图 3-36　快换装置主端口中的活塞上移，锁紧钢珠缩回	　(a)　　　　(b) 图 3-37　对齐末端工具被接端口与快换装置主端口上的 U 形口

任务评价

任务评价如表 3-19 所示，活动过程评价如表 3-20 所示。

表 3-19　任务评价

评价项目	比例	配分	序号	评分标准	扣分标准	自评	教师评价
6S职业素养	30%	30分	1	选用适合的工具实施任务，清理无须使用的工具	未执行扣 6 分		
			2	合理布置任务所需使用的工具，明确标识	未执行扣 6 分		
			3	清除工作场所内的脏污，发现设备异常立即记录并处理	未执行扣 6 分		
			4	规范操作，杜绝安全事故，确保任务实施质量	未执行扣 6 分		
			5	具有团队意识，小组成员分工协作，共同高质量完成任务	未执行扣 6 分		

评价项目	比例	配分	序号	评分标准	扣分标准	自评	教师评价
安装工具快换装置主端口	30%	30分	1	正确将定位销（工业机器人附带配件）安装在IRB120工业机器人法兰盘对应的销孔中	未正确执行扣10分		
			2	正确将快换装置主端口安装在工业机器人法兰盘上	未正确执行扣10分		
			3	选用适当的工具紧固快换装置主端口与法兰盘	未正确执行扣10分		
安装工业机器人末端工具	40%	40分	1	能够操作电磁阀上的手动调试按钮，控制快换工具动作	未正确执行扣10分		
			2	正确将末端工具安装到主端口上	未正确执行扣10分		
			3	正确完成焊枪工具的安装	未正确执行扣5分		
			4	正确完成夹爪工具的安装	未正确执行扣5分		
			5	正确完成打磨工具的安装	未正确执行扣5分		
			6	正确完成吸盘工具的安装	未正确执行扣5分		
合计							

表 3-20　活动过程评价

评价指标	评价要素	分数/分	分数评定
信息检索	能有效利用网络资源、工作手册查找有效信息；能用自己的语言有条理地去解释、表述所学知识；能将查找到的信息有效转换到工作中	10	
感知工作	是否熟悉各自的工作岗位，认同工作价值；在工作中，是否获得满足感	10	
参与状态	与教师、同学之间是否相互尊重、理解、平等；与教师、同学之间是否能够保持多向、丰富、适宜的信息交流。 探究学习、自主学习不流于形式，处理好合作学习和独立思考的关系，做到有效学习；能提出有意义的问题或能发表个人见解；能按要求正确操作；能够倾听、协作分享	20	

续表

评价指标	评价要素	分数/分	分数评定
学习方法	工作计划、操作技能是否符合规范要求；是否获得了进一步发展的能力	10	
工作过程	遵守管理规程，操作过程符合现场管理要求；平时上课的出勤情况和每天完成工作任务情况；善于多角度思考问题，能主动发现、提出有价值的问题	15	
思维状态	是否能发现问题、提出问题、分析问题、解决问题	10	
自评反馈	按时按质完成工作任务；较好地掌握专业知识点；具有较强的信息分析能力和理解能力；具有较为全面严谨的思维能力并能条理明晰地表述成文	25	
总分		100	

项目知识测评

1. 单选题

（1）ABB IRB120 工业机器人的工作半径可达（　　　）。

A. 500 mm　　　　　B. 580 mm　　　　　C. 680 mm　　　　　D. 600 mm

（2）ABB IRB120 工业机器人 1 轴的动作范围为（　　　）。

A. +165°～–165°　　B. +135°～–135°　　C. +185°～–185°　　D. +70°～–110°

2. 多选题

（1）以下哪些部件属于视觉检测单元？（　　　）

A. 触摸屏　　　　　B. 视觉控制器　　　　　C. 光源　　　　　D. 相机和镜头

（2）安装工业机器人之前需要检查的内容包括（　　　）。

A. 目测检查工业机器人确保其未受损

B. 确保工业机器人的预期操作环境符合规范要求

C. 搬运工业机器人前，需要先查看工业机器人的稳定性

D. 已拆除固定工业机器人姿态的支架

（3）以下哪些步骤属于关闭工业机器人系统的操作步骤？（　　　）

A. 单击示教器主菜单里的"重新启动"

B. 选择"重新启动"界面下面的"高级…"

C. 将控制柜总电源旋钮由"ON"旋转至"OFF"的位置

D. 将控制柜总电源旋钮从"OFF"扭转至"ON"位置

3. 判断题

（1）安装工业机器人控制柜时需要考虑控制柜所需的安装空间，保证控制柜工作时能够散热充分。　　　　　　　　　　　　　　　　　　　　　　　　　　（　　）

（2）使用高架起重机吊升工业机器人时，在工业机器人表面与圆形吊带直接接触的地方需要垫放厚布。　　　　　　　　　　　　　　　　　　　　　　　　　（　　）

（3）手动将末端工具安装到主端口上时，可以不用对齐末端工具被接端口与快换装置主端口上的 U 形口。　　　　　　　　　　　　　　　　　　　　　　　　（　　）

项目4

工业机器人周边系统安装

 **项目导言**

本项目对工业机器人工作站的电气原理图的识读方法、电气系统的连接与检测方法以及搬运码垛单元的安装方法进行了详细的讲解，并设置丰富的实训任务，使学生通过实操进一步理解工业机器人周边系统的安装流程。

项目目标

1. 培养识读工作站电气图、气路图的能力；
2. 培养工作站电气系统连接和检查的能力；
3. 培养安装工作站工艺单元的动手能力。

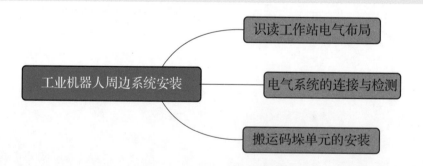

任务 4.1 识读工作站电气布局

任务描述

某工作站需要完成电气系统线路的连接，在进行电气线路的连接之前需要先了解工作站控制柜的电气布局图，通过识读工作站电气布局图确定控制柜中的电气设备的安装位置。

任务目标

能读懂工作站电气布局图。

所需工具

工作站电气布局图。

学时安排

建议学时共3学时，其中相关知识学习建议1学时；学员练习建议2学时。

工作流程

> 识读工作站电气布局

任务实施

电气布局图是用来描述电气设备实际安装位置的情况，在图纸上会标明电气设备在工作站控制柜中的实际安装位置，是检查和维修电气控制线路故障不可缺少的依据。图4-1所示为工作站控制柜中电气布局图。

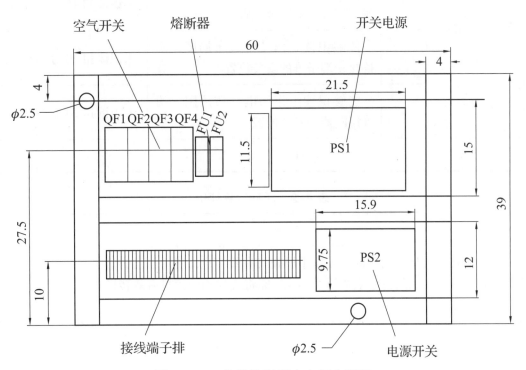

图4-1　工作站控制柜中电气布局图

 任务评价

任务评价如表 4-1 所示，活动过程评价如表 4-2 所示。

表 4-1　任务评价

评价项目	比例	配分	序号	评分标准	扣分标准	自评	教师评价
6S 职业素养	30%	30分	1	选用适合的工具实施任务，清理无须使用的工具	未执行扣6分		
			2	合理布置任务所需使用的工具，明确标识	未执行扣6分		
			3	清除工作场所内的脏污，发现设备异常立即记录并处理	未执行扣6分		
			4	规范操作，杜绝安全事故，确保任务实施质量	未执行扣6分		
			5	具有团队意识，小组成员分工协作，共同高质量完成任务	未执行扣6分		
识读工作站电气布局	70%	70分	1	能够识读工作站电气布局图，明确电源开关的安装位置	未识读扣15分		
			2	能够识读工作站电气布局图，明确空气开关的安装位置	未识读扣15分		
			3	能够识读工作站电气布局图，明确接线端子排的安装位置	未识读扣20分		
			4	能够识读工作站电气布局图，明确熔断器的安装位置	未识读扣20分		
合计							

表 4-2　活动过程评价

评价指标	评价要素	分数 / 分	分数评定
信息检索	能有效利用网络资源、工作手册查找有效信息；能用自己的语言有条理地去解释、表述所学知识；能将查找到的信息有效转换到工作中	10	
感知工作	是否熟悉各自的工作岗位，认同工作价值；在工作中，是否获得满足感	10	

续表

评价指标	评价要素	分数/分	分数评定
参与状态	与教师、同学之间是否相互尊重、理解、平等；与教师、同学之间是否能够保持多向、丰富、适宜的信息交流。 　　探究学习、自主学习不流于形式，处理好合作学习和独立思考的关系，做到有效学习；能提出有意义的问题或能发表个人见解；能按要求正确操作；能够倾听、协作分享	20	
学习方法	工作计划、操作技能是否符合规范要求；是否获得了进一步发展的能力	10	
工作过程	遵守管理规程，操作过程符合现场管理要求；平时上课的出勤情况和每天完成工作任务情况；善于多角度思考问题，能主动发现、提出有价值的问题	15	
思维状态	是否能发现问题、提出问题、分析问题、解决问题	10	
自评反馈	按时按质完成工作任务；较好地掌握专业知识点；具有较强的信息分析能力和理解能力；具有较为全面严谨的思维能力并能条理明晰地表述成文	25	
总分		100	

任务 4.2　电气系统的连接与检测

任务描述

　　某工作站需要完成电气系统线路的连接，根据工作站的电气原理图和实训指导手册完成工作站电气系统的连接与检测。

任务目标

　　1. 能够识读工作站的电气原理图；
　　2. 根据操作步骤完成工作站电气系统的连接与检测。

所需工具

　　万用表、安全操作指导书。

学时安排

　　建议学时共 4 学时，其中相关知识学习建议 2 学时；学员练习建议 2 学时。

工作流程

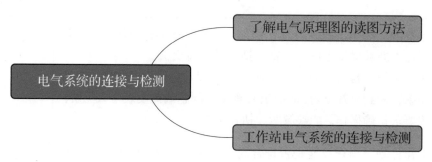

知识储备

电气原理图是用来表明设备的工作原理及各电气元件之间的连接关系，一般由主电路、控制执行电路、检测与保护电路等几大部分组成。电气原理图只包含所有电气元件的导电部件和接线端点之间的相互关系，但并不按照各电气元件的实际安装位置和实际接线情况来绘制，也不反映电气元件的大小，主要是便于操作者阅读和分析电气线路。下面结合工作站电气原理图（见附录Ⅰ工作站电气原理图）来说明基本识图方法。

1. 分析主电路

主电路是给用电器供电的电路，是受控制电路控制的电路，又称为主回路。看主电路需要看它的电源类型和电压等级（如交流、直流、380 V、220 V、24 V等），电路图的上面和左面分别包含数字形式的横向区域编号和英文字母形式的纵向区域编号，如图4-2所示，通过横向和纵向的数字、字母的组合以及电路图的页码，可以去查找本电路图中电路分支连接到的相应图纸页码，例如2.1：A表示线路连接到电路图第2页中横向区域1，纵向区域A的位置处。

2. 分析控制电路

控制电路是指给控制元件供电的电路，是控制主电路动作的电路，也可以说是给主电路发出信号的电路，又称为控制回路，如图4-3所示。

控制电路中控制元件所需的电源类型和电压等级必须相符于控制电路，然后根据主电路各执行电器的控制要求，逐一找出控制电路中的控制环节，了解各控制元件与主电路中用电器的相互控制关系和制约关系。

3. 分析辅助电路

图4-4所示为工作站安全部分的一个辅助电路，在西门子PLC SM1226故障安全数字量输入信号模块上接了急停按钮和安全光栅，光栅由直流24 V供电。

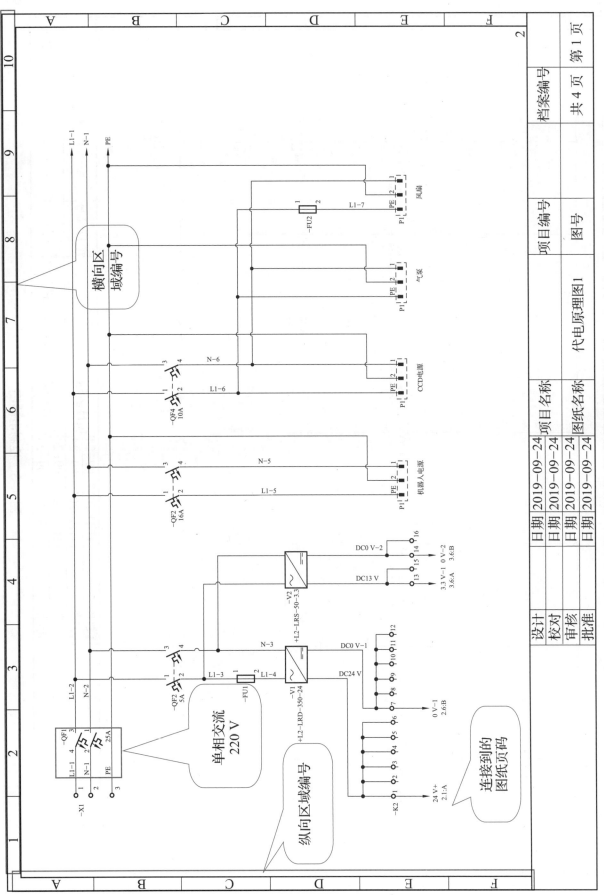

图 4-2　主电路图

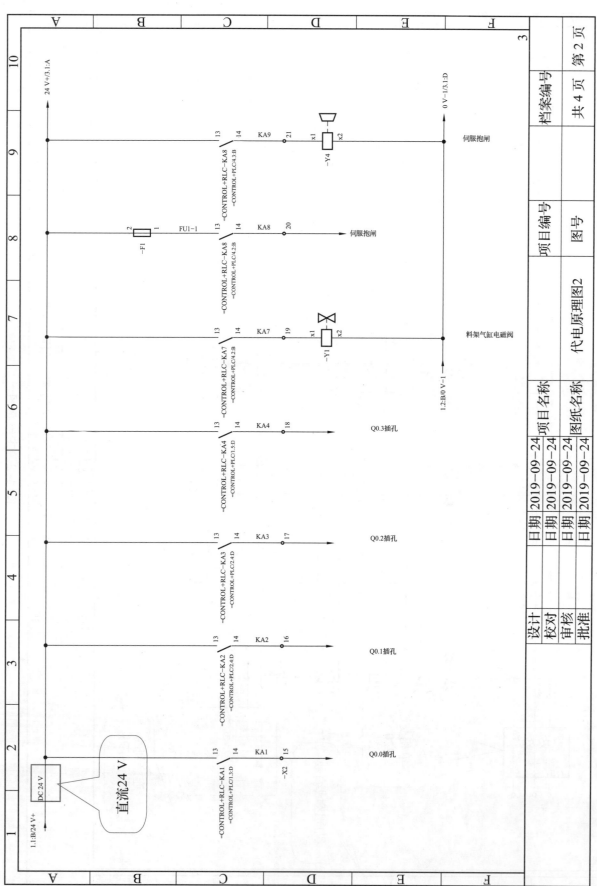

图 4-3 控制电路图

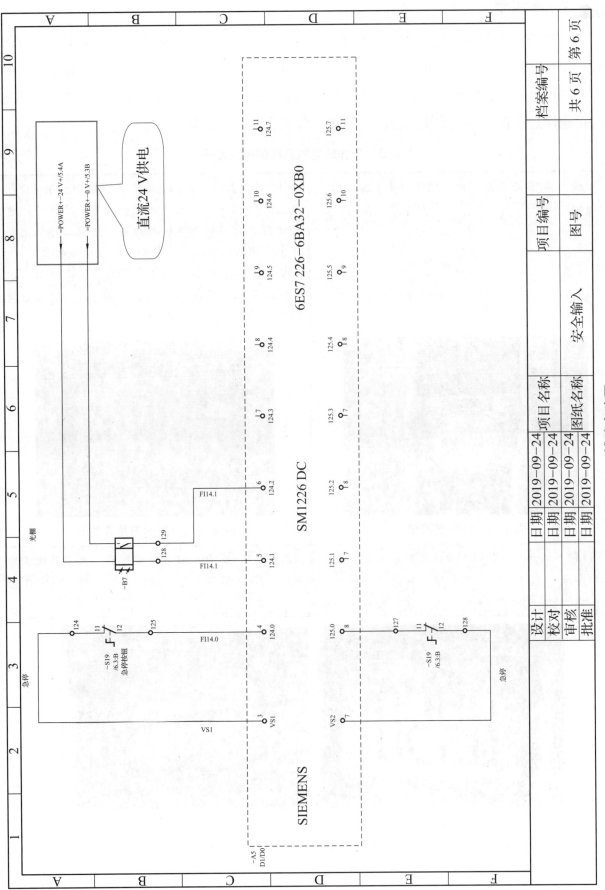

图 4-4　辅助电路图

任务实施

本小节的任务中需要完成工作站电气系统的连接，包括工作站各个工艺模块的航空插头连接、工作站设备的供电线路接线、变位机伺服电动机与伺服驱动器之间的电气接线。

在进行电气系统的连接之前，需要使用万用表根据电气原理图检查电气控制柜中已有接线的正确性。工作站电气系统的检测与连接步骤如表4-3和表4-4所示。

表4-3　工作站电气系统的检测步骤

步骤1：打开万用表，将旋钮转到蜂鸣器挡位，如图4-5所示	步骤2：在工作站总电源开关旋钮处于OFF状态并且工作站控制柜空气开关未打开的情况下，才可进行工作站电气系统的检测。根据工作站主电路电气图纸，使用万用表检测工作站的电路。 检测线路火线和零线之间接线是否出现短路，出现短路时万用表显示如图4-6所示，蜂鸣器会持续发出响声，同时指示灯亮起
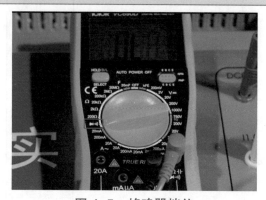 图4-5　蜂鸣器挡位	 图4-6　短路时万用表显示
步骤3：例如，参照以上方法使用万用表检测直流24 V和0 V之间的接线有没有短路，未出现短路时显示如图4-7（a）所示的数值（数值为示意），出现短路时蜂鸣器会持续发出响声，同时指示灯亮起，如图4-7（b）所示	
 （a）	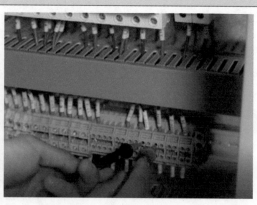 （b）
<center>图4-7　检测直流24 V和0 V之间的接线是否短路</center>	

步骤4：检测线路是否有接线断路时，如果万用表出现如图4-8所示的数显，同时指示灯亮起，且蜂鸣器持续发出响声，说明线路连接正常

图 4-8　接线无断路时万用表显示

步骤5：例如，使用万用表检测主电路上有没有出现断路，未出现断路时显示如图4-8所示的数值，同时指示灯亮起，蜂鸣器发出持续响声。

如果出现断路现象，万用表显示如图4-9所示数值，且没有持续报警声

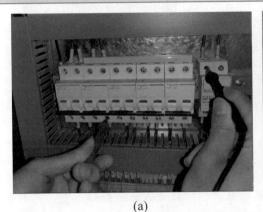 

(a)　　　　　　　　　　　　　　　　(b)

图 4-9　使用万用表检测主电路的断路现象

表 4-4　工作站电气系统的连接步骤

步骤1：分别把搬运码垛单元、多工艺单元、装配单元模块的电缆航空插头与工作站台面上的航空插孔进行连接，连接时注意对准插针和插座孔，注意不要损伤插针，保证插头插紧没有松动后锁紧插头，如图4-10所示

连接机器人周边设备的电气系统

(a)　　　　　　　　　　(b)　　　　　　　　　　(c)

图 4-10　连接搬运码垛单元、多工艺单元、装配单元模块的电缆航空插头

（a）搬运码垛单元；（b）多工艺单元；（c）装配单元

步骤2：连接多工艺单元的伺服驱动器与伺服电动机之间的电动机编码器线、电动机动力线和电动机抱闸线，如图4-11所示

电动机抱闸线　　　　　　　　　电动机动力线

电动机编码器线

图 4-11　连接多工艺单元的电动机编码器线、电动机动力线和电动机抱闸线

步骤3：将工业机器人控制柜、空气压缩机、视觉光源控制器、散热风扇、摄像头、视觉检测结果显示屏幕电源插头插入工作站插座上，如图4-12所示	步骤4：将工作站的主电源插头插到插座上，工作站电气系统连接完成，如图4-13所示
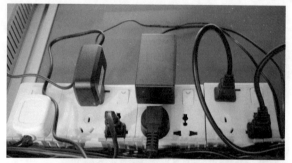 图 4-12　连接工作站设备电源	 图 4-13　连接工作站的主电源插头

步骤5：对工作站进行上电测试，将工作站上电旋钮转到ON并打开空气开关，观察工作站各个工艺单元传感器指示灯是否正常亮起，工业机器人控制柜电源指示灯是否正常亮起，电动机伺服驱动器指示灯是否正常亮起，空气压缩机、散热风扇是否发出正常启动的声音，视觉检测结果显示屏、摄像头是否正常亮起。

如果指示灯均亮起，设备可以正常启动，证明工作站供电线路正常，工作站上电测试通过，如图4-14所示

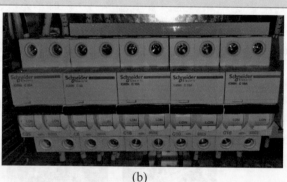

(a)　　　　　　　　　　　　　　　(b)

图 4-14　工作站进行上电测试

 **任务评价**

任务评价如表 4-5 所示，活动过程评价如表 4-6 所示。

表 4-5 任务评价

评价项目	比例	配分	序号	评分标准	扣分标准	自评	教师评价
6S职业素养	30%	30分	1	选用适合的工具实施任务，清理无须使用的工具	未执行扣6分		
			2	合理布置任务所需使用的工具，明确标识	未执行扣6分		
			3	清除工作场所内的脏污，发现设备异常立即记录并处理	未执行扣6分		
			4	规范操作，杜绝安全事故，确保任务实施质量	未执行扣6分		
			5	具有团队意识，小组成员分工协作，共同高质量完成任务	未执行扣6分		
电气原理图的读图方法	15%	15分	1	能够识读主电路，掌握其电源类型和电压等级等信息	未掌握扣5分		
			2	能够识读控制电路图，了解各控制元件与主电路中用电器的相互控制关系和制约关系	未掌握扣5分		
			3	能够识读辅助电路，掌握急停按钮和安全光栅等设备的连接状态	未掌握扣5分		
连接与检测工作站电气系统	55%	55分	1	确认工作站总电源开关旋钮处于OFF状态并且工作站控制柜空气开关未打开的情况下，进行检测	未正确执行扣10分		
			2	能够使用万用表检测线路接线是否出现短路、断路	未正确执行扣10分		
			3	正确完成搬运码垛单元、多工艺单元、装配单元模块的电缆航空插头与工作站台面上的航空插孔间的连接	未正确执行扣10分		
			4	能够正确连接多工艺单元的伺服驱动器与伺服电动机之间的电动机编码器线、电动机动力线和电动机抱闸线	未正确执行扣10分		
			5	能够完成工业机器人控制柜、空气压缩机、视觉光源控制器、散热风扇、摄像头、视觉检测结果显示屏幕与外部电源之间的连接	未正确执行扣10分		
			6	完成工作站电气系统连接，正确上电测试工作站	未执行扣5分		
合计							

表 4-6　活动过程评价

评价指标	评价要素	分数/分	分数评定
信息检索	能有效利用网络资源、工作手册查找有效信息；能用自己的语言有条理地去解释、表述所学知识；能将查找到的信息有效转换到工作中	10	
感知工作	是否熟悉各自的工作岗位，认同工作价值；在工作中，是否获得满足感	10	
参与状态	与教师、同学之间是否相互尊重、理解、平等；与教师、同学之间是否能够保持多向、丰富、适宜的信息交流。 探究学习、自主学习不流于形式，处理好合作学习和独立思考的关系，做到有效学习；能提出有意义的问题或能发表个人见解；能按要求正确操作；能够倾听、协作分享	20	
学习方法	工作计划、操作技能是否符合规范要求；是否获得了进一步发展的能力	10	
工作过程	遵守管理规程，操作过程符合现场管理要求；平时上课的出勤情况和每天完成工作任务情况；善于多角度思考问题，能主动发现、提出有价值的问题	15	
思维状态	是否能发现问题、提出问题、分析问题、解决问题	10	
自评反馈	按时按质完成工作任务；较好地掌握专业知识点；具有较强的信息分析能力和理解能力；具有较为全面严谨的思维能力并能条理明晰地表述成文	25	
总分		100	

任务 4.3　搬运码垛单元的安装

任务描述

某工作站已完成电气系统的连接和搬运码垛单元的电气连接，接下来需要完成搬运码垛单元的机械安装和气路的连接，请根据实训指导手册、工作站机械装配图、工作站的气路布局图完成搬运码垛单元的安装。

任务目标

1. 完成搬运码垛单元的安装；
2. 完成搬运码垛单元的气路连接。

所需工具

内六角扳手、卷尺、一字螺丝刀、十字螺丝刀、安全操作指导书。

 学时安排

建议学时共 3 学时，其中相关知识学习建议 1 学时；学员练习建议 2 学时。

 工作流程

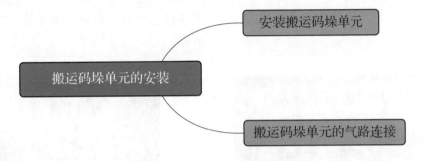

 知识储备

进行搬运码垛单元安装前，需准备好工作站机械布局图，查看搬运码垛单元的安装位置，如图 4-15 所示。

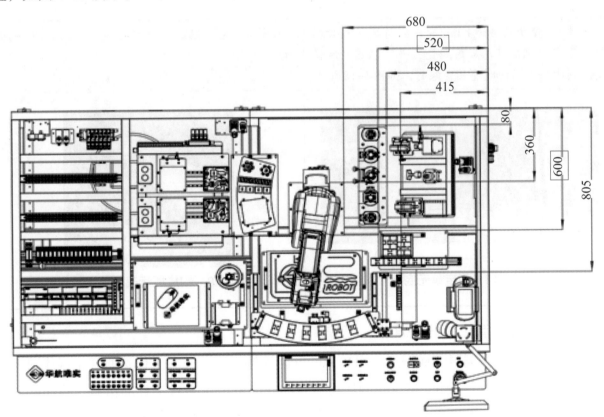

图 4-15　搬运码垛单元的安装位置

任务实施

1. 安装搬运码垛单元

在本小节任务中需要完成搬运码垛单元的机械安装，通过查看工作站机械布局图，将搬运码垛单元安装到工作站台面上的相应位置。安装搬运码垛单元的操作步骤如表4-7所示。

表4-7　安装搬运码垛单元的操作步骤

步骤1：使用卷尺测量出搬运码垛单元的安装位置并做好相应的记号，如图4-16所示	步骤2：将4个M5内六角螺钉、弹簧垫圈、平垫圈、T形螺母先装到搬运码垛单元底板的4个固定孔位上，便于后续的安装。将搬运码垛单元整体放置到已经测量出的台面安装位置上，如图4-17所示
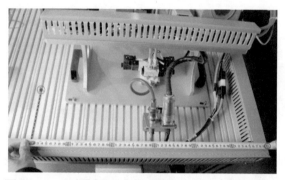 图4-16　测量标记出搬运码垛单元的安装位置	 图4-17　搬运码垛单元整体放置
步骤3：使用规格为4 mm的内六角扳手锁紧螺钉，固定单元底板，考虑到受力平衡，锁紧时需要采用十字对角的顺序锁紧螺钉，如图4-18所示	步骤4：完成搬运码垛单元的安装，如图4-19所示
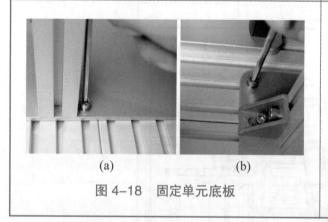 (a)　　　　　(b) 图4-18　固定单元底板	 图4-19　完成搬运码垛单元的安装

2. 搬运码垛单元的气路连接

在本小节任务中需要完成搬运码垛单元的气路连接，通过查看工作站的气路接线图（见附录Ⅱ工作站气路接线图），完成控制快换装置动作以及控制夹爪工具动作的气路连接，并对气路连接的正确性进行测试。搬运码垛单元的气路连接操作步骤如表4-8和表4-9所示。

表 4-8　控制快换装置动作的气路连接及测试

步骤1：手动操纵工业机器人，将工业机器人调整到一个便于连接气路和测试气路的位置和姿态。气源到电磁阀的气路系统已经集成，此处需要连接工具快换控制电磁阀到工业机器人快换装置主端口之间的气路，如图4-20所示

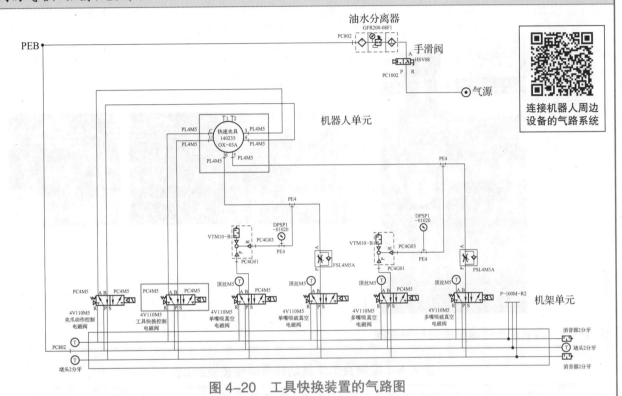

图 4-20　工具快换装置的气路图

步骤2：使用气管连接工具快换电磁阀上的A气管接口和工业机器人底座上的Air1气管接口，如图4-21所示。参照上述方法，使用气管连接工具快换电磁阀和工业机器人底座上的Air2气管接口

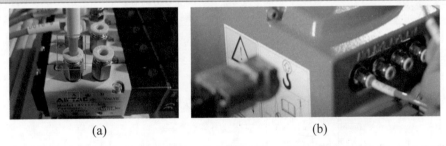

(a)　　　　　　　　　　　　　　　　　　(b)

图 4-21　连接工具快换电磁阀上的 A 气管接口和工业机器人底座上的 Air1 气管接口

步骤3：使用气管连接工业机器人4轴上表面的1号气管接口和工具快换装置主端口上的C气管接口，如图4-22所示。然后参照上述方法，使用气管连接工业机器人4轴上表面的2号气管接口和工具快换装置主端口上的U气管接口

(a)　　　　　　　　　　　　(b)

图 4-22　连接工业机器人 4 轴上表面的气管接口和工具快换装置主端口的气管接口

步骤4：确保调压过滤器旁边的手滑阀处于打开状态，将气路压力调整到0.4~0.6 MPa，如图4-23所示	步骤5：通过按压控制工业机器人工具快换装置动作的电磁阀上的手动调试按钮，测试工业机器人快换装置主端口里活塞是否会上下移动，从而使锁紧钢珠缩回和弹出，如图4-24所示
　　　图 4-23　调节调压过滤器旁边的手滑阀	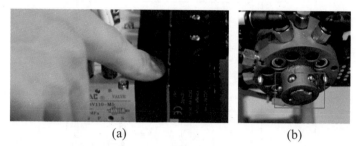 　(a)　　　　　　　　　　(b) 图 4-24　测试工业机器人快换装置气路连接

表 4-9　控制夹爪工具动作气路连接及测试

步骤1：查看气路接线图，需要连接夹爪动作控制电磁阀到工业机器人快换装置主端口之间的气路，如图4-25所示

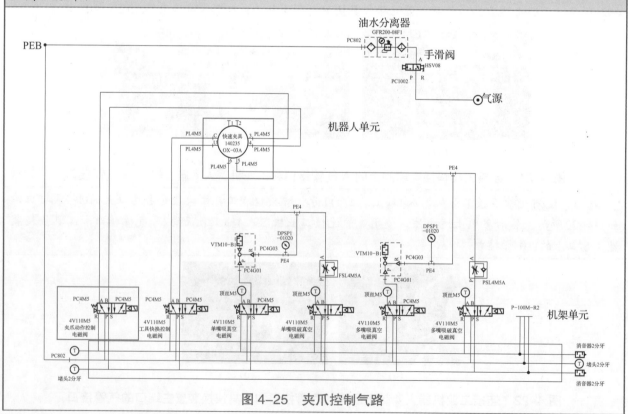

图 4-25　夹爪控制气路

步骤2：使用气管连接夹爪动作控制电磁阀上的A气管接口和工业机器人底座上的Air3气管接口，如图4-26所示。再使用气管连接夹爪动作控制电磁阀上的B气管接口和工业机器人底座上的Air4气管接口

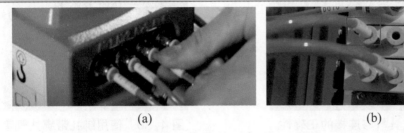

(a)　　　　　　　　　　　(b)

图4-26　连接夹爪动作控制电磁阀与工业机器人底座处Air3气管接口

步骤3：使用气管连接工业机器人4轴上表面的3号气管接口和工具快换装置主端口上面的3号气管接口，如图4-27所示。然后再使用气管连接4号气管接口和工具快换装置主端口上面的4号气管接口，控制夹爪工具动作的气路连接完成

　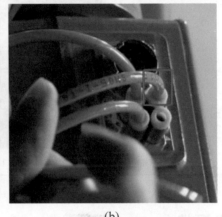

(a)　　　　　　　　　　　(b)

图4-27　连接工业机器人4轴上表面的3号气管接口和工具快换装置主端口上面的3号气管接口

步骤4：通过按压控制工业机器人工具快换动作的电磁阀上的手动调试按钮，使工具快换装置主端口活塞上移，钢珠缩回，如图4-28所示

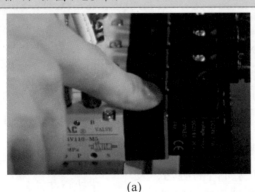　

(a)　　　　　　　　　　　(b)

图4-28　控制工具快换装置主端口活塞上移、钢珠缩回

步骤5：安装夹爪工具，通过按压控制夹爪工具动作对应气路电磁阀上的手动调试按钮，测试夹爪工具的闭合和张开，验证气路连接的正确性，如图4-29所示

步骤6：使用绑扎带绑扎气管，要求第一根绑扎带距离接头处60 mm±5 mm，余下的两个绑扎带之间的间距在50 mm±5 mm；要求裁剪后的扎带剩余露出长度必须小于1 mm，如图4-30所示

续表

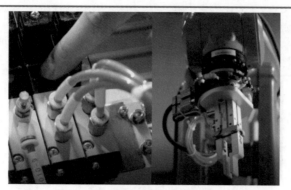

图 4-29 验证夹爪工具气路连接的正确性

图 4-30 使用绑扎带绑扎气管

步骤7：整理气管时需将台面上的气管整齐地放入线槽中，并盖上线槽盖板，搬运码垛单元的气路连接完成，如图4-31所示

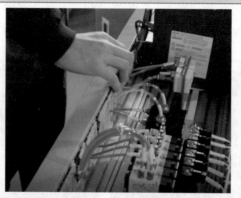

图 4-31 整理气管

 任务评价

任务评价如表4-10所示，活动过程评价如表4-11所示。

表 4-10 任务评价

评价项目	比例	配分	序号	评分标准	扣分标准	自评	教师评价
6S职业素养	30%	30分	1	选用适合的工具实施任务，清理无须使用的工具	未执行扣6分		
			2	合理布置任务所需使用的工具，明确标识	未执行扣6分		
			3	清除工作场所内的脏污，发现设备异常立即记录并处理	未执行扣6分		
			4	规范操作，杜绝安全事故，确保任务实施质量	未执行扣6分		
			5	具有团队意识，小组成员分工协作，共同高质量完成任务	未执行扣6分		

续表

评价项目	比例	配分	序号	评分标准	扣分标准	自评	教师评价
安装搬运码垛单元	40%	40分	1	能够通过识读工作站机械布局图，明确搬运码垛单元在工作站台面上的安装位置	未识读扣10分		
			2	能够选用适合的工具，完成码垛单元安装位置的测量与标记	未正确执行扣10分		
			3	选用适合的工具及配件，完成搬运码垛单元的安装	未正确执行扣20分		
搬运码垛单元的气路连接	30%	30分	1	调节工业机器人至便于连接气路和测试气路的位置姿态	未正确执行扣5分		
			2	能够完成控制快换装置动作气路的连接，并测试工业机器人快换装置主端口里活塞是否会上下移动，从而使锁紧钢珠缩回和弹出	未正确执行扣10分		
			3	能够完成控制夹爪工具动作气路的连接，并测试夹爪工具的闭合和张开，验证气路连接的正确性	未正确执行扣10分		
			4	按照标准使用绑扎带绑扎气管，整理气管并将其整齐地放入线槽中	未正确执行扣5分		
合计							

表 4-11　活动过程评价

评价指标	评价要素	分数/分	分数评定
信息检索	能有效利用网络资源、工作手册查找有效信息；能用自己的语言有条理地去解释、表述所学知识；能将查找到的信息有效转换到工作中	10	
感知工作	是否熟悉各自的工作岗位，认同工作价值；在工作中，是否获得满足感	10	
参与状态	与教师、同学之间是否相互尊重、理解、平等；与教师、同学之间是否能够保持多向、丰富、适宜的信息交流。 探究学习、自主学习不流于形式，处理好合作学习和独立思考的关系，做到有效学习；能提出有意义的问题或能发表个人见解；能按要求正确操作；能够倾听、协作分享	20	

评价指标	评价要素	分数/分	分数评定
学习方法	工作计划、操作技能是否符合规范要求；是否获得了进一步发展的能力	10	
工作过程	遵守管理规程，操作过程符合现场管理要求；平时上课的出勤情况和每天完成工作任务情况；善于多角度思考问题，能主动发现、提出有价值的问题	15	
思维状态	是否能发现问题、提出问题、分析问题、解决问题	10	
自评反馈	按时按质完成工作任务；较好地掌握专业知识点；具有较强的信息分析能力和理解能力；具有较为全面严谨的思维能力并能条理明晰地表述成文	25	
总分		100	

项目知识测评

1.单选题

（1）工作站电气控制柜电气设备布局图上会标明电气设备在控制柜中的（　　）安装位置。

A. 实际 B. 理论

C. 大概 D. 以上都不是

（2）西门子 PLC SM1226 模块是（　　）。

A. 模拟量扩展模块 B. 通信扩展模块

C. 故障安全数字量模块 D. 以上都不是

（3）工作站的光栅由（　　）供电的。

A. 直流 24 V B. 交流 220 V

C. 交流 380 V D. 以上都不是

2.多选题

（1）电气原理图一般由（　　）等几部分组成。

A. 主电路 B. 控制电路

C. 检测与保护电路 D. 模拟电路

（2）一般主电路图上包含的信息有（　　）。

A. 电源类型 B. 保护电路信息

C. 连接到的图纸页码 D. 横向、纵向区域编号

3. 判断题

（1）在工作站上电的情况下，可以使用万用表的蜂鸣器挡位去检测主电路火线和零线之间的接线是否出现短路的情况。　　　　　　　　　　　　　　　　　　　　　　（　　）

（2）只需通过电气原理图上的横向区域编号就可以查找到电路分支连接到的相应图纸页码。　　　　　　　　　　　　　　　　　　　　　　　　　　　　　　　　　　（　　）

（3）在完成工艺单元的气路连接后，可以通过按压控制工具快换动作的电磁阀上的手动调试按钮来测试快换装置主端口锁紧钢珠是否会缩回。　　　　　　　　　　　　　（　　）

项目5

工业机器人系统设置

 **项目导言**

　　本项目围绕工业机器人操作人员岗位职责和企业实际生产中的工业机器人操作人员的工作内容，就工业机器人系统设置的操作方法进行了详细的讲解，并设置了丰富的实训任务，使学生通过实操进一步掌握工业机器人系统设置的操作方法。

项目目标

1. 培养规范用工业机器人示教器的意识；
2. 培养安全操作工业机器人的意识；
3. 培养设置示教器的语言与参数的能力；
4. 培养设定工业机器人运行模式和运行速度的能力；
5. 培养能查看工业机器人信息提示和事件日志的能力。

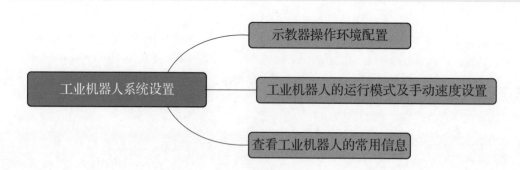

任务 5.1　示教器操作环境配置

任务描述

　　某工作站的工业机器人配备的示教器操作环境不符合当前使用要求，请根据实际需求按照实训指导手册中的步骤更改示教器的语言并设定工业机器人系统时间，完成示教器操作环境的配置。

任务目标

　　1. 完成示教器语言的更改；

　　2. 认识示教器的功能键按钮和操作界面；

　　3. 完成工业机器人系统时间的设定。

所需工具

　　安全操作指导书、示教器及触摸屏用笔。

学时安排

　　建议学时共 3 学时，其中相关知识学习建议 0.5 学时；学员练习建议 2.5 学时。

工作流程

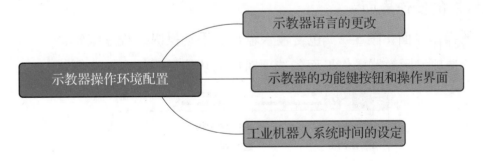

知识储备

1. 示教器功能键按钮认知

　　示教器是工业机器人的人机交互接口，通过示教器功能按键与液晶显示屏配合使用来完成工业机器人点动、示教，编写、调试和运行工业机器人程序，设定、查看工业机器人状态信息和位置、报警消除等所有工业机器人功能操作。图 5-1 所示为 ABB 工业机器人示教器的按键（功能键按钮），其功能说明如表 5-1 所示。

工业机器人的人机交互接口——示教器

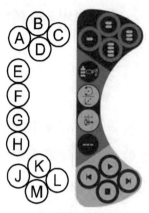

图 5-1 示教器上的功能键按钮

表 5-1 示教器按键的功能说明

按键编号	功能描述
A~D	预设按键（可编程按键）1~4，可根据需求自行定义
E	选择机械单元
F	切换动作（运动）模式，重定向或线性
G	切换动作（运动）模式，轴 1~3 或轴 4~6
H	切换增量（默认模式和增量模式的切换）
J	Step BACKWARD（后退一步）按键。按下此按键，可使程序后退至上一条指令
K	START（启动）按键，开始执行程序
L	Step FORWARD（前进一步）按键。按下此按键，可使程序前进至下一条指令
M	STOP（停止）按键。按下此按键，可停止程序的执行

2. 示教器的操作界面

示教器的操作界面（图 5-2）包含输入输出、手动操纵、程序编辑器、程序数据、校准和控制面板等选项，示教器操作界面各选项对应的功能说明如表 5-2 所示。

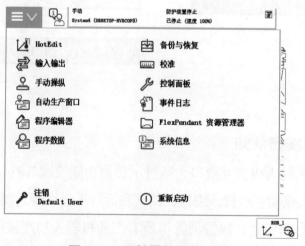

图 5-2 示教器的操作界面

表 5-2 示教器操作界面各选项的功能说明

选项名称	说 明
HotEdit	程序模块下轨迹点位置的补偿设置窗口
输入输出	设置及查看 I/O 视图窗口
手动操纵	动作模式设置、坐标系选择、控制杆锁定及载荷属性的更改窗口，还可显示实际位置
自动生产窗口	在自动模式下，可直接调试程序并运行
程序编辑器	建立程序模块及例行程序的窗口
程序数据	选择编程时所需程序数据的窗口
备份与恢复	可备份和恢复系统
校准	进行转数计数器和电机校准的窗口
控制面板	进行示教器的相关设定
事件日志	查看系统出现的各种提示信息
FlexPendant 资源管理器	查看当前系统的系统文件
系统信息	查看控制柜及当前系统的相关信息
注销	注销用户，可进行用户的切换
重新启动	机器人的关机和重启窗口

 任务实施

1. 示教器语言的更改

ABB 工业机器人的示教器出厂时，默认的系统显示语言为英语，参照下面的操作步骤将示教器的显示语言设定为中文（操作人员惯用语言）方便日常操作。表 5-3 所示为示教器语言更改步骤。

表 5-3 示教器语言更改步骤

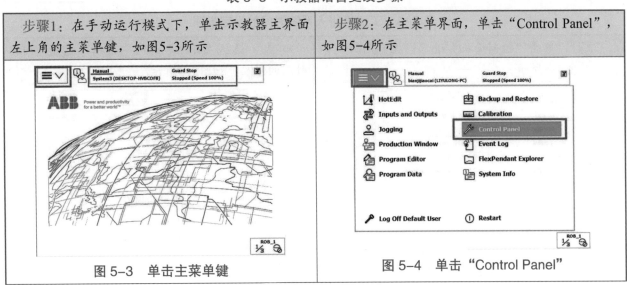

步骤1：在手动运行模式下，单击示教器主界面左上角的主菜单键，如图5-3所示	步骤2：在主菜单界面，单击"Control Panel"，如图5-4所示
图 5-3 单击主菜单键	图 5-4 单击"Control Panel"

步骤3：按照图示进入"Control Panel"界面，单击示教器界面上的"Language"，如图5-5所示	步骤4：示教器弹出图示界面，选择"Chinese"，单击右下角的"OK"，如图5-6所示
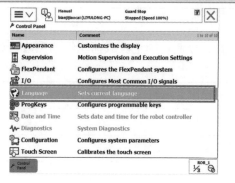 图5-5　单击示教器界面上的"Language"	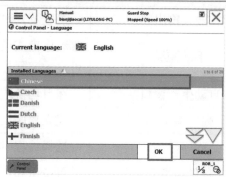 图5-6　设置语言为中文

步骤5：在图示弹出的提示框中，单击"Yes"，示教器重新启动，如图5-7所示。示教器重新启动后，示教器操作界面显示为中文。

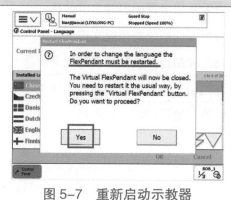

图5-7　重新启动示教器

2. 工业机器人系统时间的设定

在进行工业机器人的各种操作之前，参照下面的操作步骤将工业机器人系统的时间设定为本地时区的时间，有利于文件的管理和故障的查阅，如表5-4所示。

设定工业机器人系统时间

表5-4　工业机器人系统时间的设定步骤

步骤1：单击"控制面板"进入"控制面板"界面，如图5-8所示	步骤2：选择"日期和时间"选项，进行日期和时间的修改，如图5-9所示
图5-8　进入"控制面板"界面	图5-9　选择"日期和时间"选项

步骤3：在图示界面中，可以对示教器的日期和时间进行设定和修改。根据当地时间设置好日期和时间后，单击"确定"，完成示教器时间的设置，如图5-10所示

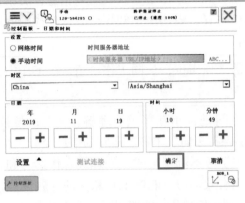

图 5-10　完成示教器时间的设置

 任务评价

任务评价如表 5-5 所示，活动过程评价如表 5-6 所示。

表 5-5　任务评价

评价项目	比例	配分	序号	评分标准	扣分标准	自评	教师评价
6S职业素养	30%	30 分	1	选用适合的工具实施任务，清理无须使用的工具	未执行扣 6 分		
			2	合理布置任务所需使用的工具，明确标识	未执行扣 6 分		
			3	清除工作场所内的脏污，发现设备异常立即记录并处理	未执行扣 6 分		
			4	规范操作，杜绝安全事故，确保任务实施质量	未执行扣 6 分		
			5	具有团队意识，小组成员分工协作，共同高质量完成任务	未执行扣 6 分		
示教器操作环境配置	70%	70 分	1	明确示教器组成，能够灵活使用示教器启动、停止、前进一步、后退一步、切换动作模式等功能键	未掌握扣 15 分		
			2	认识示教器操作界面各选项的功能，如输入输出、手动操纵、事件日志等	未掌握扣 15 分		
			3	能够将示教器的语言更改为中文	未掌握扣 20 分		
			4	能够根据当地时间设置好工业机器人的系统时间	未掌握扣 20 分		
合计							

表 5-6　活动过程评价

评价指标	评价要素	分数 / 分	分数评定
信息检索	能有效利用网络资源、工作手册查找有效信息；能用自己的语言有条理地去解释、表述所学知识；能将查找到的信息有效转换到工作中	10	
感知工作	是否熟悉各自的工作岗位，认同工作价值；在工作中，是否获得满足感	10	
参与状态	与教师、同学之间是否相互尊重、理解、平等；与教师、同学之间是否能够保持多向、丰富、适宜的信息交流。探究学习、自主学习不流于形式，处理好合作学习和独立思考的关系，做到有效学习；能提出有意义的问题或能发表个人见解；能按要求正确操作；能够倾听、协作分享	20	
学习方法	工作计划、操作技能是否符合规范要求；是否获得了进一步发展的能力	10	
工作过程	遵守管理规程，操作过程符合现场管理要求；平时上课的出勤情况和每天完成工作任务情况；善于多角度思考问题，能主动发现、提出有价值的问题	15	
思维状态	是否能发现问题、提出问题、分析问题、解决问题	10	
自评反馈	按时按质完成工作任务；较好地掌握专业知识点；具有较强的信息分析能力和理解能力；具有较为全面严谨的思维能力并能条理明晰地表述成文	25	
总分		100	

任务 5.2　工业机器人的运行模式及手动速度设置

任务描述

　　某工作站工业机器人的运行模式可分为手动模式和自动模式，请根据实际情况参照实训指导手册中的步骤，完成工业机器人运行模式的切换和运行速度的设置。

任务目标

　　1. 了解工业机器人的运行模式；

　　2. 完成工业机器人运行模式的设置；

　　3. 完成工业机器人运行速度的设置。

所需工具

安全操作指导书、示教器及触摸屏用笔。

 学时安排

建议学时共 3 学时，其中相关知识学习建议 1 学时；学员练习建议 2 学时。

工作流程

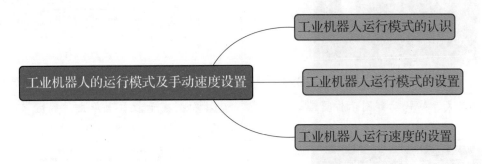

工业机器人的运行模式及手动速度设置

- 工业机器人运行模式的认识
- 工业机器人运行模式的设置
- 工业机器人运行速度的设置

 知识储备

ABB 工业机器人的运行模式有两种，分别为手动模式和自动模式。另有部分工业机器人的手动模式细分为手动减速模式和手动全速模式。

手动模式下，既可以单步运行例行程序，又可以连续运行例行程序，运行程序时需手动按下并保持使能按钮在中间挡位置，以使电动机处于开启状态。

自动模式用于在生产中运行工业机器人程序。自动模式下示教器上的使能按钮会停用，便于工业机器人在没有人工干预的情况下移动。在自动模式下运行程序时，只需按下控制柜上的"电机开启"便可开启电动机，无须再手动按下使能按钮。

 任务实施

1. 工业机器人运行模式的设置

手动模式下，可以进行工业机器人程序的编写、调试，示教点的重新设置等。自动模式下，可以不用人工干预便可自动连续运行工业机器人程序。设置工业机器人运行模式的操作步骤如表 5-7 所示。

在工业机器人操作应用过程中，一般先采用手动模式进行工业机器人位置和程序的调试，确认无误后，使用自动模式让工业机器人进行生产工作。

表5-7　设置工业机器人运行模式的操作步骤

步骤1：将工业机器人控制柜的模式开关转到图示位置，则当前工业机器人运行模式设置为手动模式，如图5-11所示	步骤2：工业机器人示教器状态栏的信息显示，如图5-12所示
 图 5-11　控制柜的模式开关为手动模式	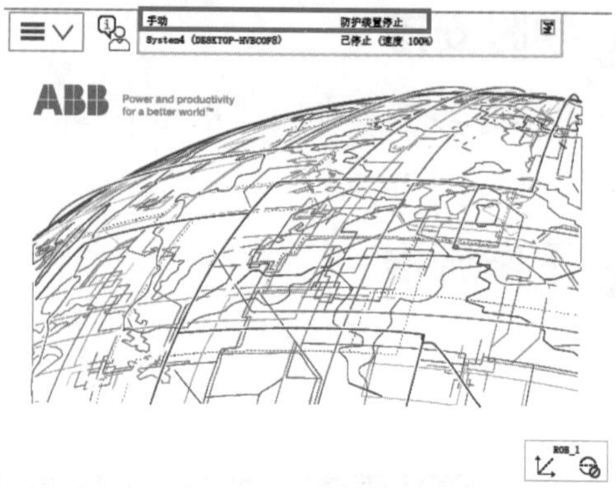  图 5-12　示教器状态栏的信息显示
步骤3：将模式开关转动到图示位置，如图5-13所示	步骤4：在示教器上单击"确定"，完成确认模式的更改操作，如图5-14所示
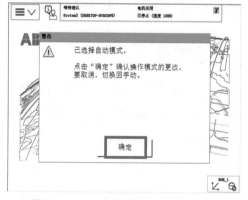 图 5-13　控制柜的模式开关为自动模式	 图 5-14　确认模式的更改操作

步骤5：工业机器人的运行模式设置为自动运行模式，示教器的状态栏信息显示如图5-15所示

图 5-15　自动运行模式示教器的状态栏信息显示

设置工业机器人运行模式

2. 工业机器人运行速度的设置

工业机器人的运行速度在示教器状态栏中显示为速度值百分比，如图5-16所示。初学者在操纵工业机器人时，建议采用低于运行速度50%的速度值进行操作。

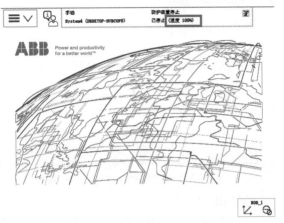

图 5-16 工业机器人的运行速度

设置工业机器人运行速度的步骤如表 5-8 所示。

表 5-8 设置工业机器人运行速度的步骤

步骤1：在手动模式下，单击图示快速设置菜单键，如图5-17所示	步骤2：单击图示速度按钮，如图5-18所示
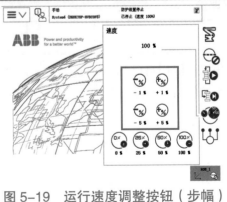 图 5-17 单击图示快速设置菜单键	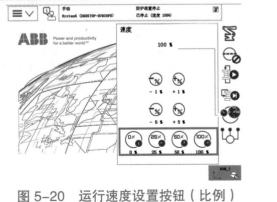 图 5-18 单击图示速度按钮
步骤3：单击图示部分的按钮，运行速度会根据相应步幅的数值增大和减小，如图5-19所示。 −1%：以1%的步幅减小运行速度。 +1%：以1%的步幅增加运行速度。 −5%：以5%的步幅减小运行速度。 +5%：以5%的步幅增加运行速度	步骤4：单击图示部分的按钮，可设置运行速度的大小，如图5-20所示。 0%：将速度设置为0%。 25%：以四分之一（25%）速度运行。 50%：以半速（50%）运行。 100%：以全速（100%）运行
图 5-19 运行速度调整按钮（步幅）	图 5-20 运行速度设置按钮（比例）

 **任务评价**

任务评价如表 5-9 所示，活动过程评价如表 5-10 所示。

表 5-9 任务评价

评价项目	比例	配分	序号	评分标准	扣分标准	自评	教师评价
6S 职业素养	30%	30 分	1	选用适合的工具实施任务，清理无须使用的工具	未执行扣 6 分		
			2	合理布置任务所需使用的工具，明确标识	未执行扣 6 分		
			3	清除工作场所内的脏污，发现设备异常立即记录并处理	未执行扣 6 分		
			4	规范操作，杜绝安全事故，确保任务实施质量	未执行扣 6 分		
			5	具有团队意识，小组成员分工协作，共同高质量完成任务	未执行扣 6 分		
工业机器人的运行模式设置	30%	30 分	1	掌握工业机器人手动模式和自动模式的作用	未掌握扣 15 分		
			2	能够完成手动模式和自动模式的切换	未执行扣 15 分		
工业机器人的手动速度设置	40%	40 分	1	能够调出示教器中设置工业机器人运行速度的界面	未掌握扣 20 分		
			2	能够单击相应按钮，设置运行速度的大小	未掌握扣 20 分		
合计							

表 5-10 活动过程评价

评价指标	评价要素	分数/分	分数评定
信息检索	能有效利用网络资源、工作手册查找有效信息；能用自己的语言有条理地去解释、表述所学知识；能将查找到的信息有效转换到工作中	10	
感知工作	是否熟悉各自的工作岗位，认同工作价值；在工作中，是否获得满足感	10	

续表

评价指标	评价要素	分数/分	分数评定
参与状态	与教师、同学之间是否相互尊重、理解、平等；与教师、同学之间是否能够保持多向、丰富、适宜的信息交流。 　　探究学习、自主学习不流于形式，处理好合作学习和独立思考的关系，做到有效学习；能提出有意义的问题或能发表个人见解；能按要求正确操作；能够倾听、协作分享	20	
学习方法	工作计划、操作技能是否符合规范要求；是否获得了进一步发展的能力	10	
工作过程	遵守管理规程，操作过程符合现场管理要求；平时上课的出勤情况和每天完成工作任务情况；善于多角度思考问题，能主动发现、提出有价值的问题	15	
思维状态	是否能发现问题、提出问题、分析问题、解决问题	10	
自评反馈	按时按质完成工作任务；较好地掌握专业知识点；具有较强的信息分析能力和理解能力；具有较为全面严谨的思维能力并能条理明晰地表述成文	25	
总分		100	

任务 5.3　查看工业机器人的常用信息

 任务描述

　　某工作站的工业机器人在操作过程中，可以通过查看工业机器人的常用信息，了解工业机器人当前所处的状态以及一些存在的问题。根据实训指导手册查看工业机器人的常用信息。

 任务目标

　　1. 认识示教器界面的状态栏；
　　2. 根据操作步骤完成工业机器人事件日志的查看。

 所需工具

　　安全操作指导书、示教器及触摸屏用笔。

学时安排

建议学时共 3 学时，其中相关知识学习建议 0.5 学时；学员练习建议 2.5 学时。

 **工作流程**

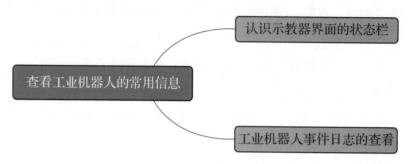

认识示教器界面的状态栏

查看工业机器人的常用信息

工业机器人事件日志的查看

知识储备

示教器的操作界面上的状态栏（图 5-21）显示工业机器人的常用信息（当前的工作状态以及报警信息等），在操作过程中可以通过查看这些信息了解工业机器人当前所处的状态以及一些存在的问题。常用信息提示包括工业机器人的运行模式（手动/自动）、工业机器人的系统信息、工业机器人的电动机状态、工业机器人的程序运行状态（正在运行/已停止）和当前工业机器人或外轴的使用状态。

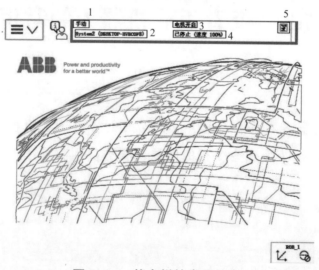

图 5-21 状态栏的常用信息

1—工业机器人的运行模式；2—工业机器人的系统信息；3—工业机器人的电动机状态；
4—工业机器人的程序运行状态；5—当前工业机器人或外轴的使用状态

任务实施

查看工业机器人事件日志的操作步骤如表 5-11 所示。

表 5-11　查看工业机器人事件日志的操作步骤

步骤1：使用触摸屏用笔单击示教器界面上方的"状态栏"，进入到事件日志界面，会显示出工业机器人运行的事件记录，包括事件发生的时间、日期等，如图5-22所示	步骤2：另存所有日志为…：用于将工业机器人的时间日志存储为.txt文件进行保存。删除："删除日志…"可删除当前视图中的事件消息；"删除全部日志…"可删除全部日志中的事件消息。视图：用于切换事件消息的类别，例如共用、系统等，如图5-23所示
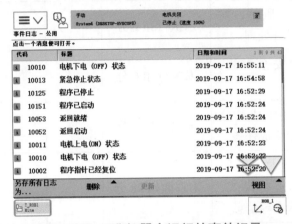 图 5-22　工业机器人运行的事件记录	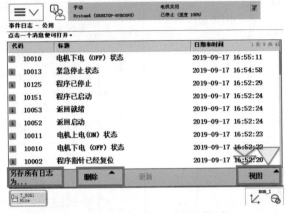 图 5-23　运行事件记录编辑选项
步骤3：单击代码栏，可进入对应的事件消息界面查看详细说明，可为分析相关事件和问题提供准确的信息，如图5-24所示	步骤4：单击"确定"，可返回至事件日志界面，如图5-25所示
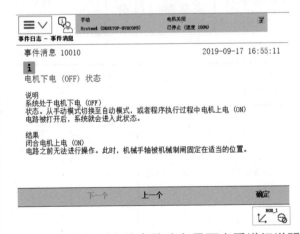 图 5-24　进入对应的事件消息界面查看详细说明	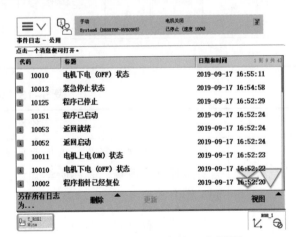 图 5-25　返回至事件日志界面

 任务评价

任务评价如表 5-12 所示，活动过程评价如表 5-13 所示。

表 5-12　任务评价

评价项目	比例	配分	序号	评分标准	扣分标准	自评	教师评价
6S职业素养	30%	30分	1	选用适合的工具实施任务，清理无须使用的工具	未执行扣6分		
			2	合理布置任务所需使用的工具，明确标识	未执行扣6分		
			3	清除工作场所内的脏污，发现设备异常立即记录并处理	未执行扣6分		
			4	规范操作，杜绝安全事故，确保任务实施质量	未执行扣6分		
			5	具有团队意识，小组成员分工协作，共同高质量完成任务	未执行扣6分		
查看工业机器人的常用信息	70%	70分	1	能通过示教器状态栏，获取工业机器人当前的运行模式、系统信息、电动机状态等信息	未掌握扣28分		
			2	能够查找工业机器人的事件日志	未掌握扣14分		
			3	能够保存工业机器人的事件日志	未掌握扣14分		
			4	能够编辑工业机器人的事件日志	未掌握扣14分		
合计							

表 5-13　活动过程评价

评价指标	评价要素	分数/分	分数评定
信息检索	能有效利用网络资源、工作手册查找有效信息；能用自己的语言有条理地去解释、表述所学知识；能将查找到的信息有效转换到工作中	10	
感知工作	是否熟悉各自的工作岗位，认同工作价值；在工作中，是否获得满足感	10	
参与状态	与教师、同学之间是否相互尊重、理解、平等；与教师、同学之间是否能够保持多向、丰富、适宜的信息交流。 探究学习、自主学习不流于形式，处理好合作学习和独立思考的关系，做到有效学习；能提出有意义的问题或能发表个人见解；能按要求正确操作；能够倾听、协作分享	20	

评价指标	评价要素	分数/分	分数评定
学习方法	工作计划、操作技能是否符合规范要求；是否获得了进一步发展的能力	10	
工作过程	遵守管理规程，操作过程符合现场管理要求；平时上课的出勤情况和每天完成工作任务情况；善于多角度思考问题，能主动发现、提出有价值的问题	15	
思维状态	是否能发现问题、提出问题、分析问题、解决问题	10	
自评反馈	按时按质完成工作任务；较好地掌握专业知识点；具有较强的信息分析能力和理解能力；具有较为全面严谨的思维能力并能条理明晰地表述成文	25	
总分		100	

项目知识测评

1. 单选题

（1）工业机器人系统时间可以在示教器的哪个菜单中设置？（　　　）

A. 手动操纵　　　　B. 控制面板　　　　C. 系统信息　　　　D. 操作面板

（2）在控制面板界面下，应选择（　　　）进行工业机器人语言的设定。

A. Control Panel　　B. ProgKeys　　　　C. Language　　　D. Control

（3）工业机器人的常用信息在（　　　）处进行显示。

A. 系统信息　　　　B. 资源管理器　　　C. 状态栏　　　　D. 信息栏

2. 多选题

（1）工业机器人的运行模式包含（　　　）。

A. 手动模式　　　　B. 自动模式　　　　C. 连续模式　　　　D. 步进模式

（2）工业机器人的事件日志可以进行以下哪些操作？（　　　）

A. 删除日志　　　　B. 删除全部日志　　C. 另存所有日志　　D. 保存日志

3. 判断题

（1）示教器出厂时，默认的系统显示语言为英语。（　　　）

（2）工业机器人的事件日志可为分析相关事件和问题提供准确的信息。（　　　）

（3）示教器状态栏中显示的速度值为工业机器人的运行速度的百分比。（　　　）

项目6
工业机器人运动模式测试

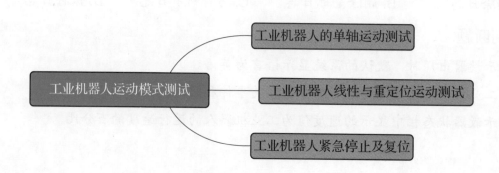

项目导言

本项目围绕工业机器人操作人员岗位职责和企业实际生产中的工业机器人操作人员的工作内容,就工业机器人运动模式的操作方法进行了详细的讲解,并设置丰富的实训任务,使学生通过实操进一步掌握工业机器人运动模式的操作方法。

项目目标

1. 培养手动操作工业机器人单轴运动的技能;

2. 培养手动操作工业机器人线性运动的技能;

3. 培养手动操作工业机器人重定位运动的技能;

4. 培养进行工业机器人运动模式切换的技能;

5. 培养使用紧急停止的安全意识;

6. 培养恢复紧急停止的技能。

```
                              ┌─────────────────────────┐
                              │ 工业机器人的单轴运动测试      │
                              └─────────────────────────┘
┌──────────────────┐         ┌──────────────────────────────┐
│ 工业机器人运动模式测试 │────────│ 工业机器人线性与重定位运动测试    │
└──────────────────┘         └──────────────────────────────┘
                              ┌─────────────────────────┐
                              │ 工业机器人紧急停止及复位      │
                              └─────────────────────────┘
```

任务 6.1　工业机器人的单轴运动测试

任务描述

　　某工作站的工业机器人可通过示教器单独操作其任意一个关节轴的运动，请根据实训指导手册中的步骤完成工业机器人的单轴运动测试，并根据实际要求操作工业机器人的关节轴运动至目标位置。

任务目标

　　根据操作步骤完成工业机器人的单轴运动。

所需工具

　　安全操作指导书、示教器及触摸屏用笔。

学时安排

　　建议学时共 3 学时，其中相关知识学习建议 1 学时；学员练习建议 2 学时。

工作流程

工业机器人的单轴运动测试

知识储备

　　ABB IRB120 型工业机器人本体的关节轴分别通过对应的六个伺服电动机驱动，每个关节轴可以在控制器的控制下单独运动，且每个关节轴都有一规定的运动正方向，工业机器人单个关节轴的运动称为单轴运动。

任务实施

　　操纵工业机器人单轴运动的操作步骤如表 6-1 和表 6-2 所示。

表 6-1　操纵单轴运动方法一

步骤1：在手动操纵界面中，进行工业机器人动作模式的设定和工业机器人单轴运动的操纵，单击"动作模式"，如图6-1所示	步骤2：在"动作模式"界面选择单轴运动的动作模式，如图6-2所示。 轴1-3：用于操纵工业机器人关节轴1、2、3的运动。 轴4-6：用于操纵工业机器人关节轴4、5、6的运动。 选择"轴1-3"，单击"确定"对关节轴1、2、3进行操纵
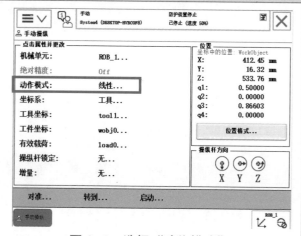 图 6-1　选择"动作模式"	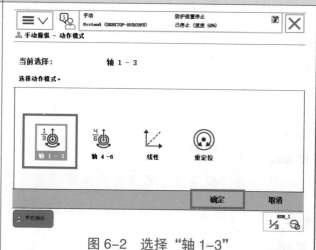 图 6-2　选择"轴 1-3"
步骤3：按下使能按钮，电动机开启后，操纵控制杆偏转。控制杆的偏转方向决定单轴运动的关节轴以及运动方向，图示位置的图标显示了控制杆的偏转方向对应控制的关节轴以及轴运动方向。例如向上偏转控制杆时，关节轴2往轴的负方向转动，如图6-3所示	
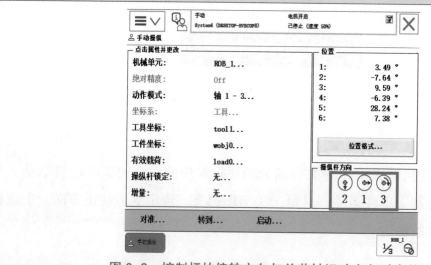 图 6-3　控制杆的偏转方向与关节轴运动方向对应关系	

表6-2 操纵单轴运动方法二

步骤1：点开快速设置菜单键，单击图示机械单元按钮，如图6-4所示

图6-4 单击机械单元按钮

步骤2：单击"显示详情"，如图6-5所示

图6-5 单击"显示详情"

步骤3：详情界面如图6-6所示。

A：设定当前使用的工具数据；

B：设定当前使用的工件坐标系；

C：设置控制杆的速率；

D：启用或关闭增量移动；

E：选择坐标系（大地坐标系、基坐标系、工具坐标系和工件坐标系）；

F：选择动作模式 [（单轴运动：轴1-3和轴4-6、线性运动和重定位运动）]。

选择图示动作模式后，按下使能按钮，即可分别操纵工业机器人关节轴1、2、3进行运动

步骤4：选择图示动作模式后，按下使能按钮，即可分别操纵工业机器人关节轴4、5、6进行运动，如图6-7所示

工业机器人的单轴运动

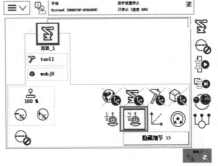

图6-6 参数说明

图6-7 操纵工业机器人关节轴4、5、6进行运动

步骤5：操纵工业机器人单轴运动时，动作模式"轴1-3"到"轴4-6"的快速切换可使用功能键按钮实现，如图6-8所示

图6-8 "轴1-3"到"轴4-6"的快速切换功能键按钮

 任务评价

任务评价如表6-3所示，活动过程评价如表6-4所示。

表6-3 任务评价

评价项目	比例	配分	序号	评分标准	扣分标准	自评	教师评价
6S职业素养	30%	30分	1	选用适合的工具实施任务，清理无须使用的工具	未执行扣6分		
			2	合理布置任务所需使用的工具，明确标识	未执行扣6分		
			3	清除工作场所内的脏污，发现设备异常立即记录并处理	未执行扣6分		
			4	规范操作，杜绝安全事故，确保任务实施质量	未执行扣6分		
			5	具有团队意识，小组成员分工协作，共同高质量完成任务	未执行扣6分		
工业机器人的单轴运动测试	70%	70分	1	能够使用两种方法，进入设置工业机器人动作模式的操作界面	未掌握扣20分		
			2	能够根据需要选择并设置工业机器人的动作模式	未掌握扣20分		
			3	能够操纵工业机器人进行单轴运动	未掌握扣30分		
合计							

表6-4 活动过程评价

评价指标	评价要素	分数/分	分数评定
信息检索	能有效利用网络资源、工作手册查找有效信息；能用自己的语言有条理地去解释、表述所学知识；能将查找到的信息有效转换到工作中	10	
感知工作	是否熟悉各自的工作岗位，认同工作价值；在工作中，是否获得满足感	10	

续表

评价指标	评价要素	分数 / 分	分数评定
参与状态	与教师、同学之间是否相互尊重、理解、平等；与教师、同学之间是否能够保持多向、丰富、适宜的信息交流。 　　探究学习、自主学习不流于形式，处理好合作学习和独立思考的关系，做到有效学习；能提出有意义的问题或能发表个人见解；能按要求正确操作；能够倾听、协作分享	20	
学习方法	工作计划、操作技能是否符合规范要求；是否获得了进一步发展的能力	10	
工作过程	遵守管理规程，操作过程符合现场管理要求；平时上课的出勤情况和每天完成工作任务情况；善于多角度思考问题，能主动发现、提出有价值的问题	15	
思维状态	是否能发现问题、提出问题、分析问题、解决问题	10	
自评反馈	按时按质完成工作任务；较好地掌握专业知识点；具有较强的信息分析能力和理解能力；具有较为全面严谨的思维能力并能条理明晰地表述成文	25	
总分		100	

任务 6.2　工业机器人线性与重定位运动测试

任务描述

　　某工作站的工业机器人可进行线性运动和重定位运动，请根据实际要求操纵工业机器人进行运动，并根据实训指导手册的步骤完成工业机器人的线性与重定位运动测试。

任务目标

　　1. 根据操作步骤完成工业机器人的线性运动；

　　2. 根据操作步骤完成工业机器人的重定位运动。

所需工具

　　安全操作指导书、示教器及触摸屏用笔。

学时安排

　　建议学时共 3 学时，其中相关知识学习建议 1 学时；学员练习建议 2 学时。

 **工作流程**

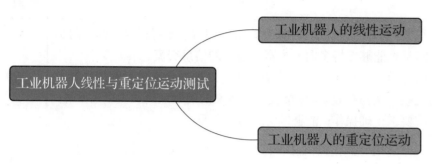

 **知识储备**

机器人的线性运动是指 TCP 在空间中沿坐标轴做线性运动。当需要 TCP 在直线上移动时，选择线性运动是最为快捷方便的。

机器人的重定位运动是指 TCP 点在空间中绕着坐标轴旋转的运动，也可以理解为机器人绕着工具 TCP 点做姿态调整的运动。当机器人在某一平面上进行机器人的姿态调整时，选择重定位运动是最为方便快捷的。

 **任务实施**

1. 操纵工业机器人的线性运动

操纵工业机器人线性运动的操作步骤如表 6-5 所示。

表 6-5 操纵工业机器人线性运动的操作步骤

步骤1：方法一：在"手动操纵"界面中，进行设定和工业机器人线性运动的操纵。单击"动作模式"，如图6-9所示	步骤2：在"动作模式"界面选择"线性"，单击"确定"，动作模式设定为线性运动，如图6-10所示
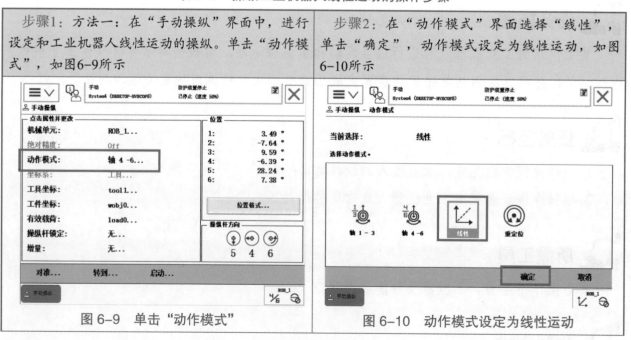 图 6-9 单击"动作模式"	图 6-10 动作模式设定为线性运动

步骤3：按下使能按钮，电动机开启后，操纵控制杆偏转。控制杆的偏转方向决定工业机器人TCP线性运动的方向，偏转幅度决定了运动的速度。图示位置的图标显示了控制杆偏转方向与TCP运动方向的对应关系，如图6-11所示。

例如向下偏转控制杆时，工业机器人TCP沿坐标系X轴的正方向线性移动

步骤4：方法二：点开快速设置菜单键，单击图示机械单元按钮，如图6-12所示

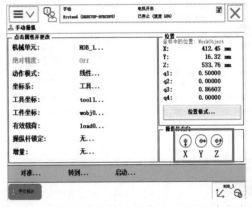

图6-11　控制杆偏转方向与TCP运动方向的对应关系

图6-12　单击机械单元按钮

步骤5：在详情界面，选择线性动作模式，如图6-13所示。选择好线性动作模式后，按下使能按钮，即可操纵工业机器人TCP进行线性运动

步骤6：设定动作模式为"线性"可使用功能键按钮实现，该按钮还可实现动作模式"线性"到"重定位"的快速切换，如图6-14所示

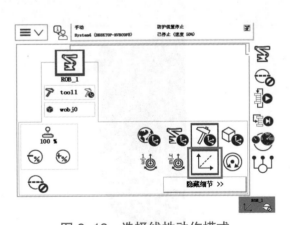

图6-13　选择线性动作模式

图6-14　实现动作模式快速切换的功能键按钮

2. 操纵工业机器人的重定位运动

操纵工业机器人进行重定位运动的操作步骤如表6-6所示。

表6-6　操纵工业机器人进行重定位运动的操作步骤

步骤1：方法一：在手动操纵界面中，进行设定和工业机器人重定位运动的操纵，如图6-15所示

工业机器人的重定位运动

步骤2：按下使能按钮，电动机开启后，操纵控制杆偏转。控制杆的偏转方向决定工业机器人工具运动的方向，偏转幅度决定了运动的速度。图示位置的图标显示了控制杆偏转方向与工业机器人工具运动方向的对应关系，如图6-16所示。

例如向下偏转控制杆时，工业机器人工具绕当前选择坐标系的X轴正方向运动（用于调整工具方向）

图6-15　动作模式设定重定位运动

图6-16　控制杆偏转方向与工业机器人工具运动方向的对应关系

步骤3：方法二：点开快速设置菜单键，单击图示机械单元按钮，在详情界面，选择重定位动作模式，如图6-17所示。选择好重定位动作模式后，按下使能按钮，即可操纵工业机器人工具进行重定位运动

步骤4：设定动作模式为"线性"可使用功能键按钮（图6-18）实现，该按钮还可实现动作模式"线性"到"重定位"的快速切换

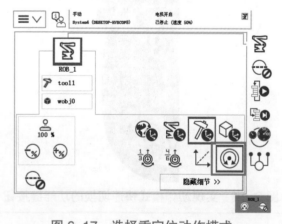

图6-17　选择重定位动作模式

图6-18　实现动作模式快速切换的功能键按钮

 任务评价

任务评价如表6-7所示，活动过程评价如表6-8所示。

表6-7　任务评价

评价项目	比例	配分	序号	评分标准	扣分标准	自评	教师评价
6S职业素养	30%	30分	1	选用适合的工具实施任务，清理无须使用的工具	未执行扣6分		
			2	合理布置任务所需使用的工具，明确标识	未执行扣6分		
			3	清除工作场所内的脏污，发现设备异常立即记录并处理	未执行扣6分		
			4	规范操作，杜绝安全事故，确保任务实施质量	未执行扣6分		
			5	具有团队意识，小组成员分工协作，共同高质量完成任务	未执行扣6分		
操纵工业机器人的线性运动	42%	42分	1	明确线性动作模式设置的两种方法	未掌握行扣14分		
			2	能够使用操纵杆，控制工业机器人进行线性运动	未掌握扣14分		
			3	能够使用功能键按钮，快速切换动作模式"线性"与"重定位"	未掌握扣14分		
操纵工业机器人的重定位运动	28%	28分	1	明确重定位动作模式设置的两种方法	未掌握扣14分		
			2	能够使用操纵杆，控制工业机器人进行重定位运动	未掌握扣14分		
合计							

表6-8　活动过程评价

评价指标	评价要素	分数/分	分数评定
信息检索	能有效利用网络资源、工作手册查找有效信息；能用自己的语言有条理地去解释、表述所学知识；能将查找到的信息有效转换到工作中	10	
感知工作	是否熟悉各自的工作岗位，认同工作价值；在工作中，是否获得满足感	10	
参与状态	与教师、同学之间是否相互尊重、理解、平等；与教师、同学之间是否能够保持多向、丰富、适宜的信息交流。探究学习、自主学习不流于形式，处理好合作学习和独立思考的关系，做到有效学习；能提出有意义的问题或能发表个人见解；能按要求正确操作；能够倾听、协作分享	20	

续表

评价指标	评价要素	分数/分	分数评定
学习方法	工作计划、操作技能是否符合规范要求；是否获得了进一步发展的能力	10	
工作过程	遵守管理规程，操作过程符合现场管理要求；平时上课的出勤情况和每天完成工作任务情况；善于多角度思考问题，能主动发现、提出有价值的问题	15	
思维状态	是否能发现问题、提出问题、分析问题、解决问题	10	
自评反馈	按时按质完成工作任务；较好地掌握专业知识点；具有较强的信息分析能力和理解能力；具有较为全面严谨的思维能力并能条理明晰地表述成文	25	
总分		100	

任务 6.3　工业机器人紧急停止及复位

任务描述

某工作站的工业机器人在操作过程中出现突发状态，发生紧急停止。根据实际情况分析紧急停止的原因，并根据实训指导手册中的步骤完成紧急停止的复位。

任务目标

1. 根据实际情况分析紧急停止的原因；
2. 根据操作步骤完成紧急停止的复位。

所需工具

安全操作指导书、示教器及触摸屏用笔。

学时安排

建议学时共 3 学时，其中相关知识学习建议 1 学时；学员练习建议 2 学时。

 **工作流程**

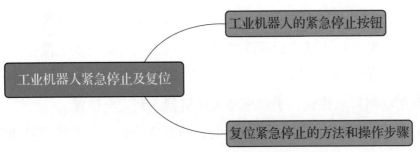

工业机器人的紧急停止按钮

工业机器人紧急停止及复位

复位紧急停止的方法和操作步骤

 知识储备

在工业机器人的手动操纵过程中，操作人员因为操作不熟练引起碰撞或者发生其他突发状况时，可选择按下紧急停止按钮（图6-19中A所指示的按钮），启动工业机器人安全保护机制，紧急停止工业机器人的动作。

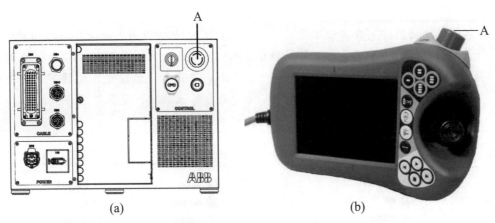

(a)　　　　(b)

图6-19　紧急停止按钮

在此需要注意的是，在紧急停止按钮被按下的状态下，工业机器人处于急停状态中无法执行动作。在操纵工业机器人动作前，需将紧急停止按钮复位后，方可进行工业机器人的手动操纵，进而将工业机器人移动到安全位置。

工业机器人发生紧急停止的原因，可能是因为紧急停止按钮被按下，也可能是由突发状况（例如物理碰撞、触发安全保护机制）引起的紧急停止等。

任务实施

1. 复位紧急停止的方法

工业机器人发生紧急停止后，工业机器人停止的位置可能会处于空旷区域，可能被堵在障碍物之间。可以根据紧急停止时，工业机器人所处位置选择合适的方法，完成紧急停止的复位操作。

给工业机器人来个"急刹"

（1）如果工业机器人处于空旷区域，复位紧急停止状态后选择手动操纵工业机器人运动到安全位置。

（2）如果工业机器人被堵在障碍物之间，在障碍物容易移动的情况下，可以直接移开周围的障碍物，在复位紧急停止状态后手动操纵工业机器人运动至安全位置。

（3）如果周围障碍物既不易移动，又很难直接通过手动操纵工业机器人到达安全位置时，可通过按下制动闸释放按钮，手动拖动工业机器人到安全位置。

（4）如果是由工业机器人发生物理碰撞引起的紧急停止，则需使用制动闸释放按钮进行复位操作。

综上所述，工业机器人紧急停止的复位分为两种情况，一种是需使用制动闸释放按钮的复位的操作；另一种是无须使用制动闸释放按钮的复位操作。

2. 复位紧急停止的操作步骤

复位紧急停止的操作步骤如表6-9所示。

表6-9　复位紧急停止的操作步骤

步骤1：紧急停止按钮被按下或工业机器人因突发状况发生紧急停止时，工业机器人进入紧急停止状态，无法执行动作，如图6-20所示	步骤2：无须使用制动闸释放按钮的情况复位工业机器人的急停时，先确认紧急停止按钮是否被按下。若紧急停止按钮已被按下，则先顺时针转动紧急停止按钮，复位紧急停止按钮，如图6-21所示
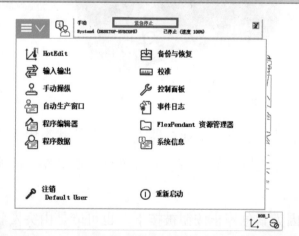 图6-20　工业机器人进入紧急停止状态状态栏显示	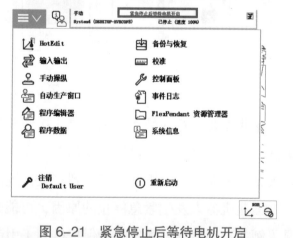 图6-21　紧急停止后等待电机开启
步骤3：紧急停止按钮复位后，按下"电机开启"。工业机器人系统恢复到正常工作状态后，手动操纵工业机器人运动到安全位置，完成工业机器人紧急停止的复位。若需使用制动闸释放按钮的情况复位工业机器人的急停，则需一人先托住工业机器人，如图6-22所示	步骤4：另一人按下"制动闸释放按钮"（持续按下，如图6-23所示），电动机制动闸释放后，由托住工业机器人的操作人员移动工业机器人到安全位置

续表

图 6-22　利用制动闸释放按钮拖动工业机器人本体

图 6-23　按下"制动闸释放按钮"

步骤5：确认工业机器人到达安全位置后，松开"制动闸释放按钮"并复位紧急停止按钮。按下"电机开启"，工业机器人系统恢复到正常工作状态，完成紧急停止的复位，如图6-24所示

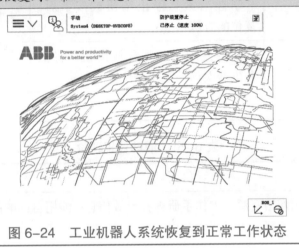

图 6-24　工业机器人系统恢复到正常工作状态

任务评价

任务评价如表 6-10 所示，活动过程评价如表 6-11 所示。

表 6-10　任务评价

评价项目	比例	配分	序号	评分标准	扣分标准	自评	教师评价
6S 职业素养	30%	30分	1	选用适合的工具实施任务，清理无须使用的工具	未执行扣 6 分		
			2	合理布置任务所需使用的工具，明确标识	未执行扣 6 分		
			3	清除工作场所内的脏污，发现设备异常立即记录并处理	未执行扣 6 分		
			4	规范操作，杜绝安全事故，确保任务实施质量	未执行扣 6 分		
			5	具有团队意识，小组成员分工协作，共同高质量完成任务	未执行扣 6 分		

续表

评价项目	比例	配分	序号	评分标准	扣分标准	自评	教师评价
工业机器人紧急停止及复位	70%	70分	1	明确示教器紧急停止按钮的位置	未掌握扣10分		
			2	明确紧急停止按钮的功能	未掌握扣12分		
			3	明确使用制动闸释放按钮复位紧急停止的场景	未掌握扣12分		
			4	明确无须使用制动闸释放按钮复位紧急停止的场景	未掌握扣12分		
			5	掌握当紧急停止按钮被按下后,复位的方法	未掌握扣12分		
			6	掌握使用制动闸释放按钮,将工业机器人移动至安全位置的方法	未掌握扣12分		
合计							

表6-11　活动过程评价

评价指标	评价要素	分数/分	分数评定
信息检索	能有效利用网络资源、工作手册查找有效信息;能用自己的语言有条理地去解释、表述所学知识;能将查找到的信息有效转换到工作中	10	
感知工作	是否熟悉各自的工作岗位,认同工作价值;在工作中,是否获得满足感	10	
参与状态	与教师、同学之间是否相互尊重、理解、平等;与教师、同学之间是否能够保持多向、丰富、适宜的信息交流。 探究学习、自主学习不流于形式,处理好合作学习和独立思考的关系,做到有效学习;能提出有意义的问题或能发表个人见解;能按要求正确操作;能够倾听、协作分享	20	
学习方法	工作计划、操作技能是否符合规范要求;是否获得了进一步发展的能力	10	
工作过程	遵守管理规程,操作过程符合现场管理要求;平时上课的出勤情况和每天完成工作任务情况;善于多角度思考问题,能主动发现、提出有价值的问题	15	
思维状态	是否能发现问题、提出问题、分析问题、解决问题	10	
自评反馈	按时按质完成工作任务;较好地掌握专业知识点;具有较强的信息分析能力和理解能力;具有较为全面严谨的思维能力并能条理明晰地表述成文	25	
总分		100	

项目知识测评

1. 单选题

（1）在轴4-6动作模式下操纵工业机器人单轴运动，顺时针旋转控制杆，则机器人如何运动？（　　）

A.4轴正向旋转　　B.6轴负向旋转　　C.6轴正向旋转　　D.4轴负向旋转

（2）水平安装的工业机器人，参考基坐标系方向进行线性运动。若逆时针旋转摇杆，则机器人如何运动？（　　）

A.向上移动　　　　　　　　　　B.向下移动

C.朝机器人正前方移动　　　　　D.朝机器人后方移动

2. 多选题

（1）在示教器手动操纵界面，可选择的动作模式有（　　）。

A.轴1-3　　　　B.线性　　　　C.重定位　　　　D.轴4-6

（2）工业机器人线性运动时，其TCP会沿基准坐标系的（　　）轴运动。

A.X　　　　　B.Y　　　　C.Z　　　　D.其他

（3）下列哪些情况下，工业机器人进入紧急停止状态无法执行动作？（　　）

A.制动闸被按下　　　　　　　B.紧急停止按钮被按下

C.突发状况发生紧急停止　　　D.电动机启动被按下

3. 判断题

（1）控制杆的偏转方向，决定工业机器人的运动方向。　　　　　　　　（　　）

（2）重定位运动时，工业机器人的TCP会随控制杆的偏转方向移动。　　（　　）

（3）工业机器人单轴运动模式，可分为动作模式轴1-3和轴4-6。　　　（　　）

项目7

工业机器人坐标系标定

项目导言

本项目围绕工业机器人操作人员岗位职责和企业实际生产中的工业机器人操作人员的工作内容，就工业机器人坐标系标定的操作方法进行了详细的讲解，并设置丰富的实训任务，使学生通过实操进一步掌握工业机器人坐标系标定的操作方法。

项目目标

1. 培养建立工业机器人工具坐标系的技能；
2. 培养建立工业机器人工件坐标系的技能；
3. 培养正确使用工业机器人坐标系的意识；
4. 培养合理设置工具数据和负载数据的技能。

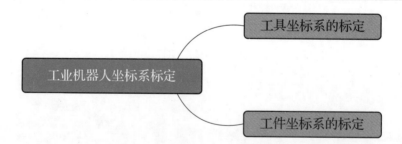

任务7.1 工具坐标系的标定

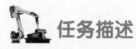
任务描述

某工作站的工业机器人包含5种末端执行器（工具），需对涂胶工具的坐标系进行标定，按照实训指导手册中的步骤完成涂胶工具的工具坐标系标定。

任务目标

1. 掌握工具坐标系的定义方法;
2. 根据操作步骤完成涂胶工具的工具坐标系的标定。

所需工具

安全操作指导书、示教器、触摸屏用笔、尖锥工具、涂胶工具。

学时安排

建议学时共 4 学时，其中相关知识学习建议 1 学时；学员练习建议 3 学时。

工作流程

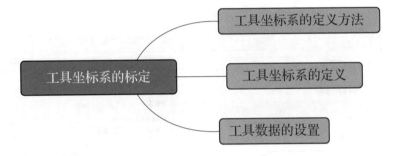

知识储备

要定义一个工具坐标系，首先需要在大地坐标系中建立一个参照点，然后还需要决定用于工具坐标系定义的方法。如果要进行工具中心点的定向，还需要定义延伸器点。

定义工具坐标系时可使用三种不同的方法，不同的定义方法对应不同的方向定义方式，如表 7-1 所示。

表 7-1　定义工具的方法

要设定的工具方向	选择的定义方法
将方向设置为与 tool0 相同的方向	TCP（默认方向）
自定义 Z 轴方向	TCP 和 Z
自定义 X 轴和 Z 轴方向	TCP 和 Z, X

任务实施

1. 工具坐标系的定义

定义工具坐标系的操作步骤如表 7-2 所示。

工业机器人的工具坐标系

表7-2　定义工具坐标系的操作步骤

步骤1：在"手动操纵"界面选择"工具坐标"，如图7-1所示	步骤2：在图示界面中，单击"新建…"，如图7-2所示

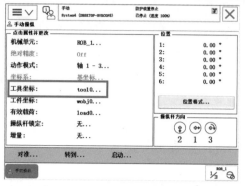

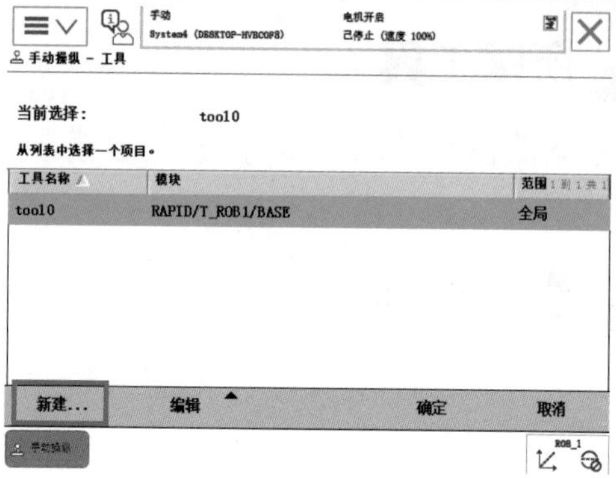

图7-1　选择"工具坐标"

图7-2　单击"新建…"

步骤3：单击"确定"，新建一个工具坐标系，调整名称、范围等属性（一般使用默认属性即可），如图7-3所示	步骤4：选中目标工具坐标系，单击"编辑"选择"更改值…"，对该工具坐标系的数据值进行更改，如图7-4所示

图7-3　新建一个工具坐标系

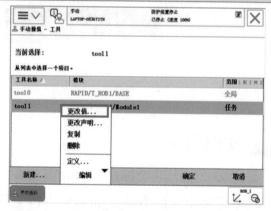

图7-4　单击"编辑"选择"更改值…"

步骤5：将"mass"（质量）改为工具的实际质量，单位为kg，如图7-5所示	步骤6：选中目标工具坐标系，对该工具坐标系进行定义，如图7-6所示

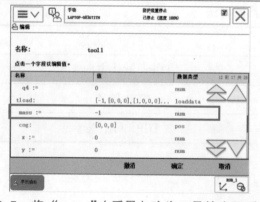

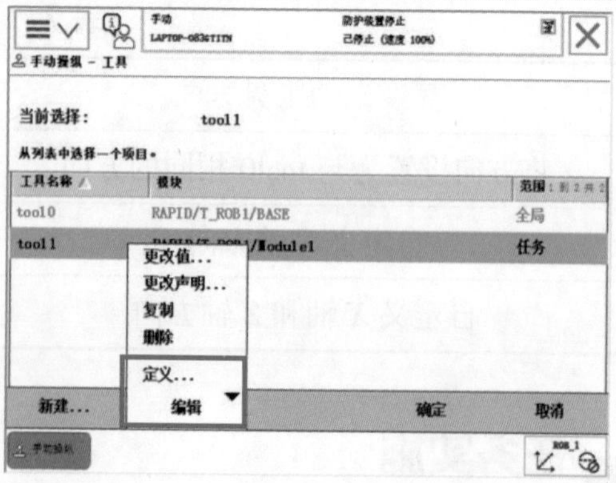

图7-5　将"mass"（质量）改为工具的实际质量

图7-6　定义工具坐标系

续表

步骤7：根据工具坐标系方向的需求，选择定义方法，如图7-7所示。 　　例如方法选择"TCP和Z，X"，点数选择"4"。总共需示教6个点，定义一个指定Z轴和X轴方向的工具坐标系	步骤8：将尖锥工具放置在合适位置，其尖端作为参照点。 　　操纵工业机器人移至图示位置1，取得第一个接近点。将运行速度减小至其15%的大小，然后小幅度偏转控制杆操纵工业机器人，尽量将工具TCP接近参照点，如图7-8所示
 图7-7　选择工具坐标系定义方法	 图7-8　操纵工业机器人移至位置1
步骤9：选中"点1"并单击"修改位置"，完成点1的示教和定义，如图7-9所示	步骤10：参考步骤8和9，完成点2、点3的示教和定义，然后移动工具TCP到位置4，完成点4的示教和定义，如图7-10所示。注意：前3个位置点的姿态为任取，第4点最好为垂直姿态，方便第5点和第6点的获取
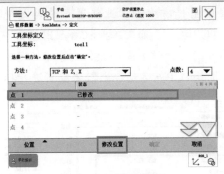 图7-9　点1位置	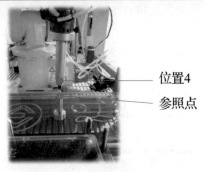 图7-10　点4的示教和定义
步骤11：以点4的姿态和位置为起始点，操纵工业机器人线性运动，使得参照点成为所需定义的工具坐标系X轴正向上的某个点，即TCP到固定参照点的方向为+X，如图7-11所示。选中"延伸器点X"并单击"修改位置"，完成X轴延伸器点的示教和定义	步骤12：参考步骤10和11，操纵工业机器人线性运动，使得参照点成为所需定义的工具坐标系Z轴正向上的某个点，即TCP到固定参照点的方向为+Z，如图7-12所示。选中"延伸器点Z"并单击"修改位置"，完成Z轴延伸器点的示教和定义
 图7-11　操纵工业机器人线性运动至延伸器点 X	 图7-12　操纵工业机器人线性运动至延伸器点 Z

步骤13：将工具坐标系所有点都定义好后，可单击"位置"，并选择"保存"，将它们保存到文件，以便以后重复使用，如图7-13所示。

"全部重置"将定义点的位置信息清空，便于重新定义；"加载"用于加载保存定义点位置信息文件中的数据

步骤14：单击"确定"，系统将立即显示计算结果对话框，可在将结果写入控制柜之前对其进行"取消"或"确定"，如图7-14所示

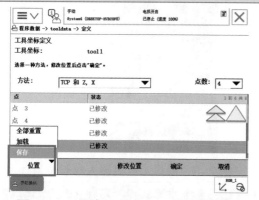

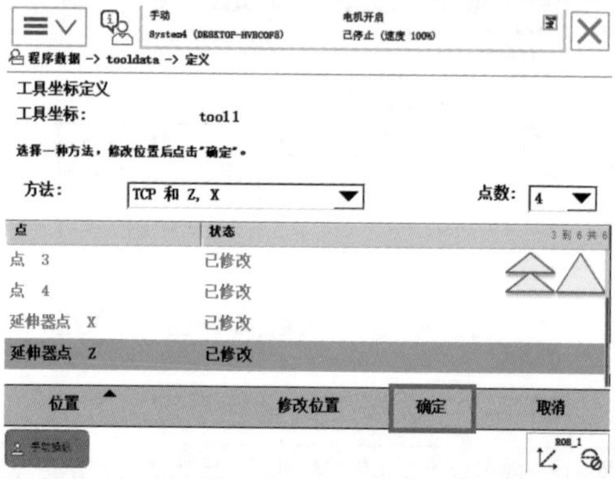

图 7-13　保存工具坐标系的位置信息

图 7-14　单击"确定"确认坐标系定义数据

步骤15：若TCP误差在允许范围（例如要求平均误差≤0.5 mm）之内，单击"确定"完成工具坐标系的定义；不满足则单击"取消"，重置定义点进行示教和定义，直到TCP误差满足条件。工具坐标与基坐标一样，符合笛卡儿坐标系的右手原则，所以当X轴和Z轴正方向设定完成后，Y轴正方向自动生成，如图7-15所示

步骤16：在"手动操纵"界面内，动作模式选择重定位，坐标系选择工具，工具坐标选择测试的工具坐标系，如图7-16所示。按下使能按钮，用手拔控制杆，检测工业机器人是否围绕标定好的工具TCP运动。如果工业机器人围绕TCP点运动且运动方向与预设方向一致，则TCP标定成功，如果没有围绕TCP点运动，则需要重新进行标定

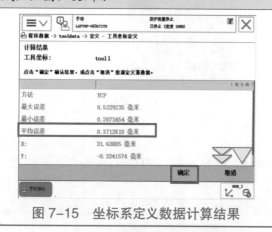

图 7-15　坐标系定义数据计算结果

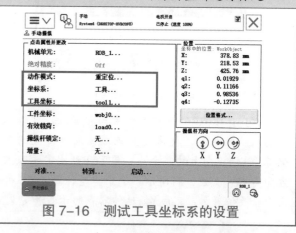

图 7-16　测试工具坐标系的设置

2. 工具数据的设置

工具数据 tooldata 是工业机器人系统的一个程序数据类型，用于定义工业机器人的工具坐标系，出厂默认的工具坐标系数据被存储在命名为 tool0 的工具数据中，编辑工具数据可以对相应的工具坐标系进行修改。

tooldata 对应的参数如表 7-3 所示，使用表 7-2 中工具坐标定义方法设定工具坐标系时，操纵工业机器人过程中系统自动完成标定工具参数数值的填写。

表 7-3 tooldata 参数表

名称	参数	单位
工具中心点的笛卡儿坐标	tframe.trans.x	mm
	tframe.trans.y	
	tframe.trans.z	
工具的框架定向（必要情况下需要）	tframe.rot.q1	无
	tframe.rot.q2	
	tframe.rot.q3	
	tframe.rot.q4	
工具质量	tload.mass	kg
工具重心坐标（必要情况下需要）	tload.cog.x	mm
	tload.cog.y	
	tload.cog.z	
力矩轴的方向（必要情况下需要）	tload.aom.q1	无
	tload.aom.q2	
	tload.aom.q3	
	tload.aom.q4	
工具的转动力矩（必要情况下需要）	tload.ix	kg · m²
	tload.iy	
	tload.iz	

在实际生产应用中，如果已知工具的测量值，则可以在示教器 tooldata 设置界面中对应的设置参数下输入这些数值，完成工具数据的设置。设置工具数据的操作步骤如表 7-4 所示。

表 7-4 设置工具数据的操作步骤

步骤1：工具数据的设置有两种方法，方法一：在"手动操纵"内，单击"工具坐标"，如图7-17所示	步骤2：在工具列表中，选择工具对应的工具坐标系，点开编辑菜单，选择"更改值"，如图7-18所示

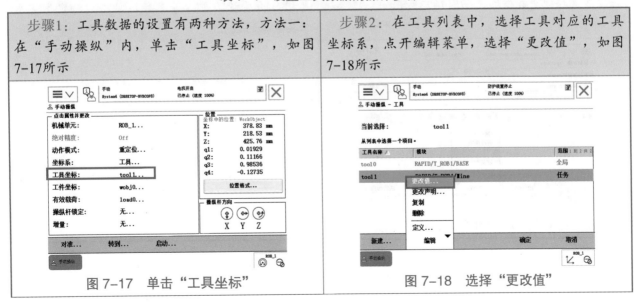

图 7-17 单击"工具坐标"　　　　图 7-18 选择"更改值"

步骤3：根据所使用的工具的实际参数，进行工具数据的设置，如图7-19所示。

可通过翻页，查看工具数据的所有参数

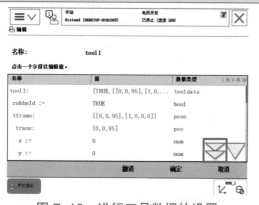

图 7-19　进行工具数据的设置

步骤4：翻页找到"mass"并选中，修改工具的质量（单位：kg）。

例如工具质量是1 kg，修改mass数值为1，单击"确定"，完成工具质量的设定，如图7-20所示

图 7-20　修改工具的质量示例

步骤5：方法二：进入"程序数据-全部数据类型"界面，如图7-21所示

图 7-21　进入"程序数据-全部数据类型"界面

步骤6：选择"tooldata"并单击"显示数据"，如图7-22所示

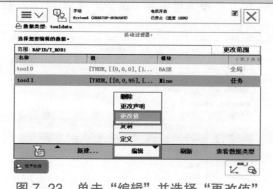

图 7-22　选择"tooldata"

步骤7：选中所需设置的工具数据，单击"编辑"并选择"更改值"，如图7-23所示

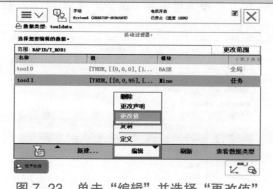

图 7-23　单击"编辑"并选择"更改值"

步骤8：进入该工具数据的参数界面，输入该工具相应的质量、重心等参数，单击"确定"完成工具数据的设置

任务评价

任务评价如表 7-5 所示，活动过程评价如表 7-6 所示。

表 7-5　任务评价

评价项目	比例	配分	序号	评分标准	扣分标准	自评	教师评价
6S 职业素养	30%	30 分	1	选用适合的工具实施任务，清理无须使用的工具	未执行扣 6 分		
			2	合理布置任务所需使用的工具，明确标识	未执行扣 6 分		
			3	清除工作场所内的脏污，发现设备异常立即记录并处理	未执行扣 6 分		
			4	规范操作，杜绝安全事故，确保任务实施质量	未执行扣 6 分		
			5	具有团队意识，小组成员分工协作，共同高质量完成任务	未执行扣 6 分		
工具坐标系的标定	50%	50 分	1	掌握工具坐标系的定义方法种类，能根据设定的工具方向需要选择适宜的方法	未掌握扣 10 分		
			2	能够新建一个工具坐标，定义其名称、范围等属性	未掌握扣 5 分		
			3	能够更改工具坐标的质量参数	未掌握扣 5 分		
			4	能够根据工具坐标系方向的需求，选择定义方法和点数	未掌握扣 10 分		
			5	能够操纵工业机器人，完成工具坐标定义时所需点位的示教	未掌握扣 10 分		
			6	完成工具坐标系定义后，能操控工业机器人，完成坐标系准确性验证	未掌握扣 10 分		
工具数据的设置	20%	20 分	1	掌握工具数据的参数对应的含义和单位	未掌握扣 10 分		
			2	掌握编辑修改工具数据参数的方法	未掌握扣 10 分		
合计							

表 7-6　活动过程评价

评价指标	评价要素	分数 / 分	分数评定
信息检索	能有效利用网络资源、工作手册查找有效信息；能用自己的语言有条理地去解释、表述所学知识；能将查找到的信息有效转换到工作中	10	
感知工作	是否熟悉各自的工作岗位，认同工作价值；在工作中，是否获得满足感	10	
参与状态	与教师、同学之间是否相互尊重、理解、平等；与教师、同学之间是否能够保持多向、丰富、适宜的信息交流。 探究学习、自主学习不流于形式，处理好合作学习和独立思考的关系，做到有效学习；能提出有意义的问题或能发表个人见解；能按要求正确操作；能够倾听、协作分享	20	
学习方法	工作计划、操作技能是否符合规范要求；是否获得了进一步发展的能力	10	
工作过程	遵守管理规程，操作过程符合现场管理要求；平时上课的出勤情况和每天完成工作任务情况；善于多角度思考问题，能主动发现、提出有价值的问题	15	
思维状态	是否能发现问题、提出问题、分析问题、解决问题	10	
自评反馈	按时按质完成工作任务；较好地掌握专业知识点；具有较强的信息分析能力和理解能力；具有较为全面严谨的思维能力并能条理明晰地表述成文	25	
总分		100	

任务 7.2　工件坐标系的标定

 任务描述

　　某工作站的工业机器人需在指定工件坐标系下进行轨迹的移动，根据实训指导手册中的步骤完成工件坐标系的标定。

任务目标

　　1. 根据操作步骤完成工件坐标系的标定；

　　2. 根据操作步骤完成负载数据的设置。

所需工具

安全操作指导书、示教器、触摸屏用笔、涂胶工具。

学时安排

建议学时共 4 学时，其中相关知识学习建议 1 学时；学员练习建议 3 学时。

工作流程

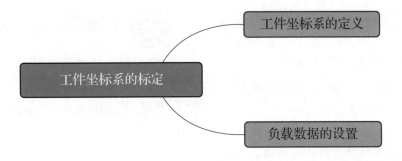

知识储备

工件坐标系对应工件，其定义位置是相对于大地坐标系（或其他坐标系）的位置，其目的是使机器人的手动运行以及编程设定的位置均以该坐标系为参照。机器人可以拥有若干工件坐标系，或者表示不同工件，或者表示同一工件在不同位置的若干副本。机器人在出厂时有一个预定义的工件坐标系 wobj0，默认与基坐标系一致。

工件坐标系设定时，通常采用三点法，定义三个点位置来创建一个工件坐标系。其设定原理如下：

（1）手动操纵机器人，在工件表面或边缘角的位置找到一点 $X1$，作为目标坐标系 X 轴上一点。

（2）手动操纵机器人，沿着工件表面或边缘找到一点 $X2$，$X1$、$X2$ 确定工件坐标系的 X 轴的正方向（$X1$ 和 $X2$ 距离越远，定义的坐标系轴向越精准）。

（3）手动操纵机器人，在 XY 平面上并且 Y 值为正的方向找到一点 $Y1$，确定坐标系的 Y 轴的正方向。

注意，当 $X1X2$ 连线和 $X1Y1$ 连线垂直时，$X1$ 点是目标工件坐标系的原点。

任务实施

1. 工件坐标系的定义

定义工件坐标系的操作步骤如表 7-7 所示。

表7-7　定义工件坐标系的操作步骤

步骤1：在"手动操纵"界面选择"工件坐标"，如图7-24所示	步骤2：进入工件列表界面，单击"新建…"，如图7-25所示
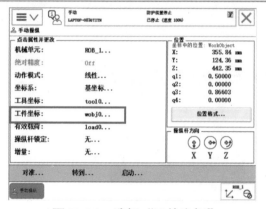 图 7-24　选择"工件坐标"	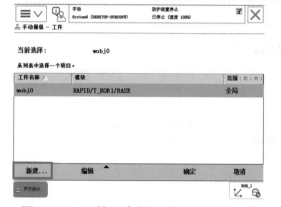 图 7-25　工件列表界面单击"新建…"
步骤3：单击"确定"，新建一个工件坐标系"wobj1"，如图7-26所示。 如需更改名称，单击名称后的"…"；实际应用中，还可根据需求对工件数据属性（范围、存储类型、任务、模块等）进行设定（一般为默认，无须更改）	步骤4：单击"编辑"，选择"定义…"，开始工件坐标系wobj1的定义，如图7-27所示
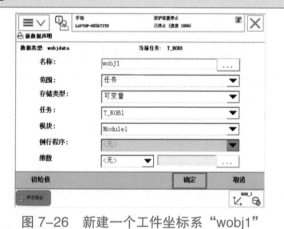 图 7-26　新建一个工件坐标系"wobj1"	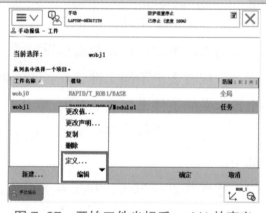 图 7-27　开始工件坐标系 wobj1 的定义

步骤5：用户方法选择"3点"，如图7-28所示

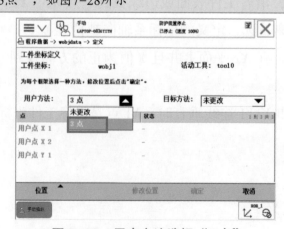

图 7-28　用户方法选择"3点"

工业机器人的
工件坐标系

步骤6：手动模式下，操纵工业机器人运动，使TCP点到达预定X轴上任意一点，如图7-29所示。单击"修改位置"，将该点示教为"用户点X1"

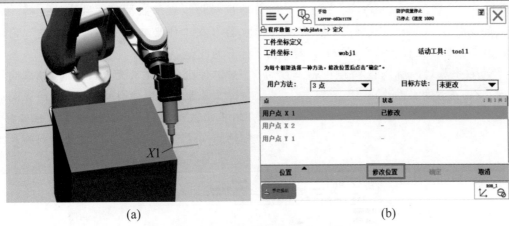

(a)   (b)

图 7-29　示教"用户点 X1"

步骤7：再操纵TCP到达X轴上其他任意一点，单击"修改位置"，将该点示教为"用户点X2"。X1点到X2点的方向为预定X轴的正方向，如图7-30所示。

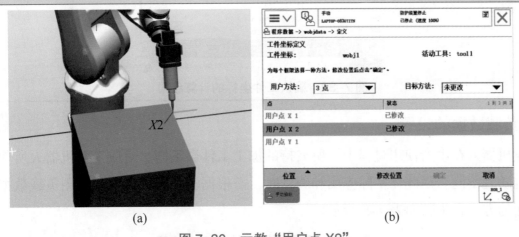

(a)   (b)

图 7-30　示教"用户点 X2"

步骤8：最后操纵TCP达到预定Y轴上任意一点，单击"修改位置"，将该点示教为"用户点Y1"。Y1点在X1X2连线上的投影点到Y1点的方向为预定Y轴的正方向，如图7-31所示。确认完成3个预定轴上的位置的定义后，单击"确定"

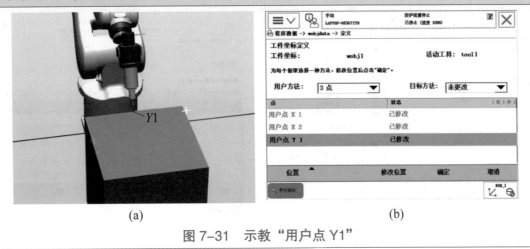

(a)   (b)

图 7-31　示教"用户点 Y1"

| 步骤9：确定后会跳出工件坐标的计算结果，在确认结果后，单击"确定"完成工件坐标系的定义，如图7-32所示。

完成定义的工件坐标系的原点就是Y1点在X1X2连线上的投影点。工件坐标与基坐标一样，符合笛卡儿坐标系的右手原则，所以当X轴和Y轴正方向设定完成后，Z轴正方向自动生成 | 步骤10：完成工件坐标系的定义后，进行该工件坐标系的准确性测试。在线性动作模式下，拨动控制杆操纵工业机器人做线性运动，观察工业机器人在工件坐标系下移动的方式，完成工件坐标系的测试。

若工件坐标系定义无误，则向X轴正向拨动控制杆，工业机器人往工件坐标系X轴的正向运动；向Y轴正向拨动控制杆，工业机器人往工件坐标系Y轴的正向运动；向Z轴正向拨动控制杆，工业机器人往工件坐标系Z轴的正向运动 |

图 7-32　确认工件坐标的计算结果

2. 负载数据的设置

工业机器人在生产使用过程中，所夹持的加工工件会不同，对应工业机器人所使用的负载数据也随之不同。因此在实际应用和编程时，需根据实际需求设定并采用负载数据，设置负载数据的方法和步骤如表7-8所示。

表 7-8　设置负载数据的方法和步骤

| 步骤1：负载数据的设置有两种方法，方法一：在"手动操纵"界面单击"有效载荷"，如图7-33所示 | 步骤2：在载荷列表中，单击"新建…"，如图7-34所示 |

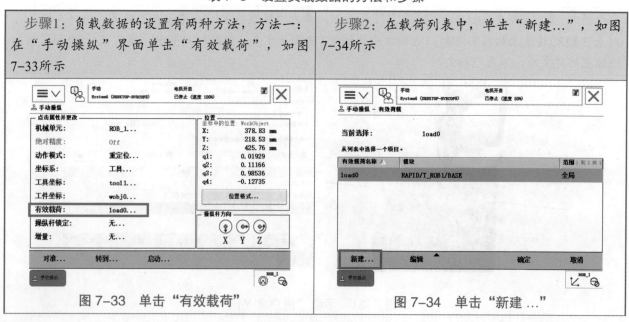

| 图 7-33　单击"有效载荷" | 图 7-34　单击"新建…" |

步骤3：在"新数据声明"界面单击"初始值"，如图7-35所示	步骤4：根据实际搬运的工件的质量和重心，进行负载数据的设置。选择"mass"，设定工件的质量，如图7-36所示。参照上述方法，完成其他所需参数的设置
 图7-35 在"新数据声明"界面单击"初始值"	 图7-36 设定工件的质量
步骤5：方法二：进入"程序数据-全部数据类型"界面，选择"loaddata"并单击"显示数据"，如图7-37所示	步骤6：选中需设置的负载数据（或新建），单击"编辑"并选择"更改值"，如图7-38所示
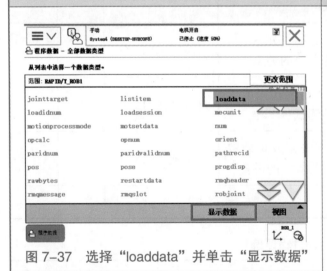 图7-37 选择"loaddata"并单击"显示数据"	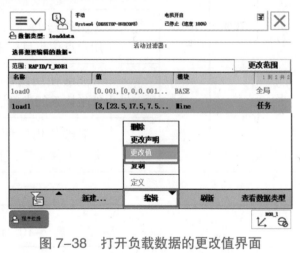 图7-38 打开负载数据的更改值界面
步骤7：进入该负载数据的参数界面，输入所搬运工件相应的质量、重心等参数，单击"确定"完成负载数据的设置	

任务评价

任务评价如表7-9所示，活动过程评价如表7-10所示。

表 7-9　任务评价

评价项目	比例	配分	序号	评分标准	扣分标准	自评	教师评价
6S职业素养	30%	30分	1	选用适合的工具实施任务，清理无须使用的工具	未执行扣6分		
			2	合理布置任务所需使用的工具，明确标识	未执行扣6分		
			3	清除工作场所内的脏污，发现设备异常立即记录并处理	未执行扣6分		
			4	规范操作，杜绝安全事故，确保任务实施质量	未执行扣6分		
			5	具有团队意识，小组成员分工协作，共同高质量完成任务	未执行扣6分		
工件坐标系及负载数据的定义	70%	70分	1	能够新建一个工件坐标系并更改其声明，如名称、存储类型、任务、模块等	未掌握扣10分		
			2	能够使用"3点"用户方法完成工件坐标系的定义	未掌握扣15分		
			3	明确进行工件坐标系定义时，用户点位与目标坐标系的关系	未掌握扣15分		
			4	能够使用线性动作模式完成工件坐标系的准确性测试	未掌握扣15分		
			5	能够使用两种方法完成负载数据（工件质量、重心等）的设置	未掌握扣15分		
合计							

表 7-10　活动过程评价

评价指标	评价要素	分数/分	分数评定
信息检索	能有效利用网络资源、工作手册查找有效信息；能用自己的语言有条理地去解释、表述所学知识；能将查找到的信息有效转换到工作中	10	
感知工作	是否熟悉各自的工作岗位，认同工作价值；在工作中，是否获得满足感	10	

续表

评价指标	评价要素	分数／分	分数评定
参与状态	与教师、同学之间是否相互尊重、理解、平等；与教师、同学之间是否能够保持多向、丰富、适宜的信息交流。 　　探究学习、自主学习不流于形式，处理好合作学习和独立思考的关系，做到有效学习；能提出有意义的问题或能发表个人见解；能按要求正确操作；能够倾听、协作分享	20	
学习方法	工作计划、操作技能是否符合规范要求；是否获得了进一步发展的能力	10	
工作过程	遵守管理规程，操作过程符合现场管理要求；平时上课的出勤情况和每天完成工作任务情况；善于多角度思考问题，能主动发现、提出有价值的问题	15	
思维状态	是否能发现问题、提出问题、分析问题、解决问题	10	
自评反馈	按时按质完成工作任务；较好地掌握专业知识点；具有较强的信息分析能力和理解能力；具有较为全面严谨的思维能力并能条理明晰地表述成文	25	
总分		100	

项目知识测评

1. 单选题

（1）定义工具坐标系可选择的定义方法是（　　）。

A. TCP　　　　　　　B. TCP 和 Z　　　　　　C. TCP 和 Z，X　　　　D. 以上都是

（2）定义一个工具坐标系至少需要几个点？（　　）

A. 3 个　　　　　　　B. 4 个　　　　　　　　C. 5 个　　　　　　　　D. 6 个

（3）定义工件坐标系时，工件坐标系的 X 正方向是（　　）。

A. $X2$ 点到 $X1$ 点的方向

B. $X1$ 点到 $X2$ 点的方向

C. $X1$ 点到 $Y1$ 点在 $X1X2$ 连线上的投影点的方向

D. $Y1$ 点在 $X1X2$ 连线上

2. 多选题

（1）定义工具坐标系时，可添加（　　）设定工具的方向。

A. 延伸器点 X　　　　B. 延伸器点 Y

C. 延伸器点 Z　　　　D. 原点

（2）设置工具数据时，必须设置的参数有（　　　）。

A. 工具中心点的笛卡儿坐标 　　　　B. 工具的框架定向

C. 工具重心坐标 　　　　D. 工具的转动力矩

3. 判断题

（1）负载数据只能在手动操纵界面进行设置和修改。　　　　　　　　　　（　　）

（2）如果要进行工具中心点的定向，则需要定义延伸器点。　　　　　　（　　）

（3）定义工件坐标系后，无须进行准确性测试。　　　　　　　　　　　（　　）

项目8

工业机器人程序的备份与恢复

项目导言

本项目围绕工业机器人操作人员岗位职责和企业实际生产中的工业机器人操作人员的工作内容，就工业机器人程序以及数据的备份与恢复进行了详细的讲解，并设置丰富的实训任务，使学生通过实操进一步掌握工业机器人数据的备份与恢复。

项目目标

1. 培养备份工业机器人程序与数据的意识；
2. 培养恢复工业机器人程序与数据的技能；
3. 培养加密工业机器人程序的技能；
4. 培养备份工业机器人程序与数据的技能。

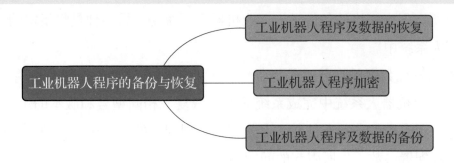

任务 8.1　工业机器人程序及数据的恢复

任务描述

某工作站的工业机器人程序和数据被误删，需将正确完整的程序和数据导入工业机器人系统中，完成工业机器人程序及数据的恢复。

任务目标

1. 根据操作步骤完成程序的导入;
2. 根据操作步骤完成数据的恢复。

所需工具

安全操作指导书、示教器、触摸屏用笔、USB 存储设备（U 盘）。

学时安排

建议学时共 3 学时，其中相关知识学习建议 1 学时；学员练习建议 2 学时。

工作流程

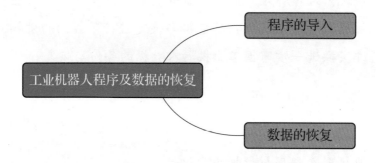

知识储备

ABB 工业机器人的程序是存储在程序模块中的，进行程序的导入就是将备份在外部 USB 存储设备中的程序模块导入工业机器人系统中。程序模块的导入，分为两种操作方法：第一种是一次性将所有程序模块的备份导入工业机器人系统中；另一种是将指定的程序模块单独导入工业机器人系统中。

工业机器人系统数据的恢复，是将备份在工业机器人硬盘或外部 USB 存储设备中的系统文件，导入工业机器人系统中完成系统数据的恢复。相同型号和版本的工业机器人之间，可以将导出的配置参数的备份文件导入参数配置出现问题的工业机器人中，实现配置参数的恢复，从而解决配置参数丢失所引起的问题。

任务实施

1. 程序的导入

导入程序模块的方法和操作步骤如表 8-1 所示。

表 8-1　导入程序模块的方法和操作步骤

程序模块的导入

步骤1：将程序模块备份文件所在的USB存储设备（例如U盘）插入示教器的USB端口。 方法一：在"程序编辑器"内，单击图示位置的"任务与程序"，如图8-1所示	步骤2：进入图示"任务与程序"界面，单击"文件"并选择"加载程序…"，如图8-2所示
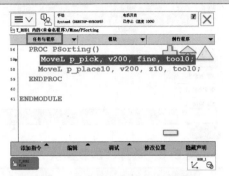 图 8-1　单击"任务与程序"	 图 8-2　选择"加载程序 …"
步骤3：弹出图示界面，单击"不保存"，如图8-3所示。 单击"保存"，会将当前系统中的所有程序模块在导入备份前保存为一个文件。	步骤4：弹出图示界面，单击"确定"，如图8-4所示
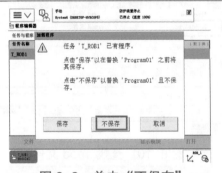 图 8-3　单击"不保存"	 图 8-4　确定保存设置
步骤5：单击界面中的图标，找到备份在USB存储设备中的.pgf文件，如图8-5所示。 A：单击可在当前文件夹中创建新文件夹。 B：单击进入上一级文件夹。 C：单击可编辑修改模块文件名称。 D：显示当前进入的存放路径	步骤6：选中.pgf文件并单击"确定"，如图8-6所示。 USB存储设备中备份文件下的所有程序模块将被导入工业机器人系统中
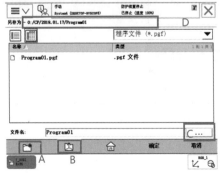 图 8-5　查找备份在 USB 存储设备中的 .pgf 文件	 图 8-6　确认选中 .pgf 文件

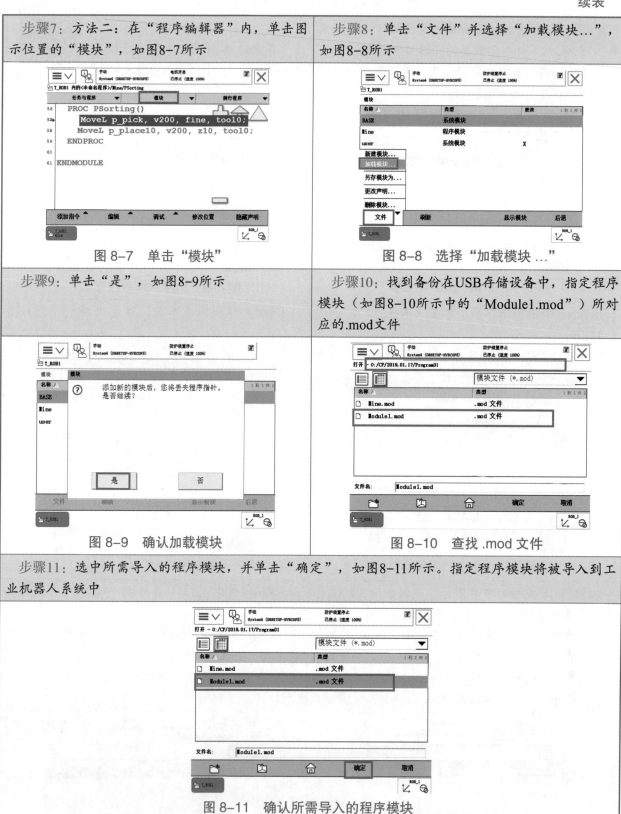

步骤7：方法二：在"程序编辑器"内，单击图示位置的"模块"，如图8-7所示

图 8-7　单击"模块"

步骤8：单击"文件"并选择"加载模块…"，如图8-8所示

图 8-8　选择"加载模块…"

步骤9：单击"是"，如图8-9所示

图 8-9　确认加载模块

步骤10：找到备份在USB存储设备中，指定程序模块（如图8-10所示中的"Module1.mod"）所对应的.mod文件

图 8-10　查找 .mod 文件

步骤11：选中所需导入的程序模块，并单击"确定"，如图8-11所示。指定程序模块将被导入到工业机器人系统中

图 8-11　确认所需导入的程序模块

2. 数据的恢复

1）工业机器人系统数据的恢复

恢复工业机器人系统数据的方法和操作步骤如表 8-2 所示。

表8-2 恢复工业机器人系统数据的方法和操作步骤

步骤1：若工业机器人系统数据是备份在外部USB存储设备中，则需先将USB存储设备（例如U盘）插入示教器的USB端口。 在示教器操作界面中单击"备份与恢复"，如图8-12所示	步骤2：进入图示"备份与恢复"界面，单击"恢复系统…"，如图8-13所示
 图8-12 单击"备份与恢复"	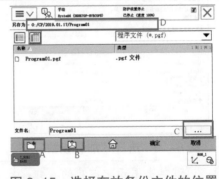 图8-13 单击"恢复系统 …"
步骤3：单击"…"，选择存放备份文件的位置（工业机器人硬盘或USB存储设备），如图8-14所示	步骤4：通过单击相应的按钮，选择存放备份文件的位置（工业机器人硬盘或USB存储设备），如图8-15所示。找到系统备份所在的文件，选择系统备份所在的文件，并单击"确定"。 A：单击可在当前文件夹中创建新文件夹。 B：单击进入上一级文件夹。 C：显示当前选定的文件路径
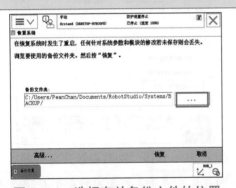 图8-14 选择存放备份文件的位置	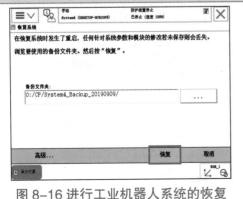 图8-15 选择存放备份文件的位置
步骤5：单击"恢复"，开始进行工业机器人系统的恢复，如图8-16所示	步骤6：单击"是"，以继续系统数据的恢复，如图8-17所示
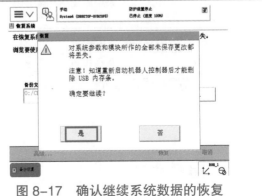 图8-16 进行工业机器人系统的恢复	图8-17 确认继续系统数据的恢复

步骤7：出现图示"正在恢复系统。请等待！"画面，如图8-18所示。 等待过程中，会重新启动工业机器人控制柜，重启后完成工业机器人系统数据的恢复
 图8-18　"正在恢复系统。请等待！"画面

2）配置参数的导入

导入配置参数的方法和操作步骤如表8-3所示。

配置参数的导入

表8-3　导入配置参数的方法和操作步骤

步骤1：将存放有配置参数文件的外部USB存储设备（例如U盘）插入示教器的USB端口。在"控制面板"界面内，单击"配置"。然后单击"文件"并选择"加载参数…"，如图8-19所示	步骤2：选择"加载参数并替换副本"并单击"加载…"，如图8-20所示
 图8-19　选择"加载参数…"	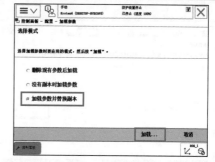 图8-20　选择"加载参数并替换副本"
步骤3：通过单击图示中相应的按钮，找到备份的配置文件所在的路径，选择所需导入的配置文件（例如"EIO.cfg"），并单击"确定"，如图8-21所示	步骤4：单击"是"，重启控制器使得导入的配置参数生效，如图8-22所示。 若需要导入多个配置参数的文件，可单击"否"，先不重启控制器。在完成所有配置参数文件的导入后，再重启控制器使得配置参数生效
 图8-21　选择所需导入的配置文件	 图8-22　确认重启

 **任务评价**

任务评价如表 8-4 所示，活动过程评价如表 8-5 所示。

表 8-4　任务评价

评价项目	比例	配分	序号	评分标准	扣分标准	自评	教师评价
6S 职业素养	30%	30 分	1	选用适合的工具实施任务，清理无须使用的工具	未执行扣 6 分		
			2	合理布置任务所需使用的工具，明确标识	未执行扣 6 分		
			3	清除工作场所内的脏污，发现设备异常立即记录并处理	未执行扣 6 分		
			4	规范操作，杜绝安全事故，确保任务实施质量	未执行扣 6 分		
			5	具有团队意识，小组成员分工协作，共同高质量完成任务	未执行扣 6 分		
程序导入	40%	40 分	1	明确什么是程序导入和两种导入方法的区别	未掌握扣 10 分		
			2	能够在示教器中找到备份在 USB 存储设备中的 .pgf 文件	未掌握扣 10 分		
			3	掌握一次性将所有程序模块的备份导入工业机器人系统中的方法	未掌握扣 10 分		
			4	掌握将指定的程序模块单独导入工业机器人系统中的方法	未掌握扣 10 分		
数据恢复	30%	30 分	1	能够将备份在工业机器人硬盘或外部 USB 存储设备中的系统数据，导入到工业机器人系统中	未掌握扣 15 分		
			2	能够将备份在外部 USB 存储设备的配置参数文件导入工业机器人系统	未掌握扣 15 分		
合计							

表 8-5　活动过程评价

评价指标	评价要素	分数/分	分数评定
信息检索	能有效利用网络资源、工作手册查找有效信息；能用自己的语言有条理地去解释、表述所学知识；能将查找到的信息有效转换到工作中	10	
感知工作	是否熟悉各自的工作岗位，认同工作价值；在工作中，是否获得满足感	10	
参与状态	与教师、同学之间是否相互尊重、理解、平等；与教师、同学之间是否能够保持多向、丰富、适宜的信息交流。　探究学习、自主学习不流于形式，处理好合作学习和独立思考的关系，做到有效学习；能提出有意义的问题或能发表个人见解；能按要求正确操作；能够倾听、协作分享	20	
学习方法	工作计划、操作技能是否符合规范要求；是否获得了进一步发展的能力	10	
工作过程	遵守管理规程，操作过程符合现场管理要求；平时上课的出勤情况和每天完成工作任务情况；善于多角度思考问题，能主动发现、提出有价值的问题	15	
思维状态	是否能发现问题、提出问题、分析问题、解决问题	10	
自评反馈	按时按质完成工作任务；较好地掌握专业知识点；具有较强的信息分析能力和理解能力；具有较为全面严谨的思维能力并能条理明晰地表述成文	25	
总分		100	

任务 8.2　工业机器人程序加密

任务描述

　　某工作站的工业机器人程序需进行加密，防止程序被他人随意查看、改写以及逐步调试，根据实训指导手册中操作步骤完成工业机器人程序的加密。

任务目标

　　根据操作步骤完成程序加密。

所需工具

安全操作指导书、示教器、触摸屏用笔、计算机（安装有 RobotStudio）。

学时安排

建议学时共 3 学时，其中相关知识学习建议 1 学时；学员练习建议 2 学时。

工作流程

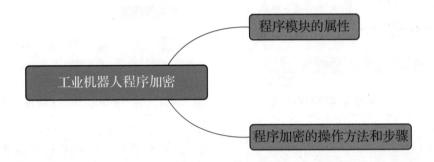

知识储备

为防止程序被他人误删或误改，我们可以对程序进行加密。ABB 工业机器人程序的加密方法是通过对程序模块的属性进行设定，进而达到将程序模块下的程序进行加密的效果。程序的加密，可通过在离线软件 RobotStudio 中对模块属性进行设定实现，还可通过记事本打开模块文本文件设定模块属性的方式实现。使用离线软件 RobotStudio 对模块属性进行设定时，需将整个工业机器人系统数据进行备份；使用记事本打开模块文本文件对模块属性进行设定时，只需备份需加密的程序所在的程序模块。

ABB 工业机器人程序模块属性如表 8-6 所示。

表 8-6　ABB 工业机器人程序模块属性

模块属性	模块在被指定后，模块下的程序 …
NOVIEW	示教器上无法查看和改写，仅能调用和执行
NOSTEPIN	不允许逐步调试，但允许改写
VIEWONLY	只允许查看和调用，不允许改写

任务实施

程序加密的具体操作方法和步骤如表 8-7 和表 8-8 所示。

给工业机器人系统数据的备份与恢复

加密工业机器人程序的方法

表 8-7　使用 RobotStudio 软件加密

步骤1：在示教器上先建立一个（多个）空的程序模块，用于存放需加密的程序，如图8-23所示	步骤2：然后将工业机器人系统备份到USB存储设备中。打开RobotStudio软件，单击"RAPID"，如图8-24所示
图 8-23　建立案例所需空程序模块	 图 8-24　在 RobotStudio 软件中单击 "RAPID"
步骤3：选择"文件"，右键文件下的"备份"，如图8-25所示	步骤4：单击"打开备份…"，在计算机文件路径下，找到存储在USB存储设备中的系统备份文件，单击"选择文件夹"，如图8-26所示
 图 8-25　右键文件下的"备份"	 图 8-26　找到存储在 USB 存储设备中的系统备份文件
步骤5：单击"TASK1"文件，如图8-27所示	步骤6：右键选择"OnlyVIEW"，并单击"打开"，如图8-28所示
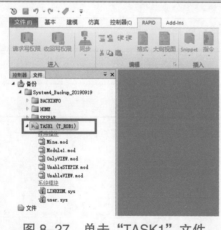 图 8-27　单击 "TASK1" 文件	 图 8-28　打开 "OnlyVIEW"

续表

步骤7：在打开的模块"OnlyVIEW"后，添加模块属性"VIEWONLY"，如图8-29所示。注意：添加模块属性的字符时，输入法应切换为英文状态，单击"保存"（Ctrl+S），保存更改	步骤8：给模块"UnableSTEPIN"添加属性"NOSTEPIN"，如图8-30所示
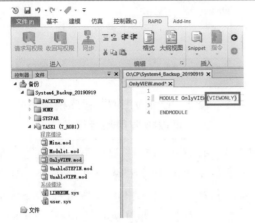　图8-29　添加模块属性"VIEWONLY"	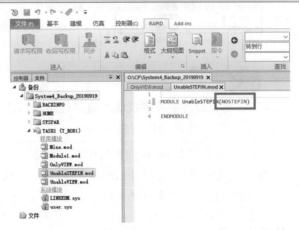　图8-30　给模块"UnableSTEPIN"添加属性"NOSTEPIN"
步骤9：给模块"UnableVIEW"添加属性"NOVIEW"，如图8-31所示。根据需求将例行程序移动至相应模块中	步骤10：例如想要设定程序"rHome"只允许查看和调用，不允许改写，则将其移动（剪切、粘贴）至模块"OnlyVIEW"，如图8-32所示。例如程序想要设定"main"不允许逐步调试，但允许改写，则将其移动（剪切、粘贴）至模块"UnableSTEPIN"
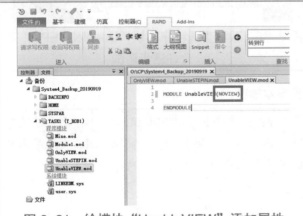　图8-31　给模块"UnableVIEW"添加属性"NOVIEW"	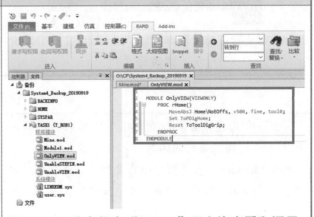　图8-32　设定程序"rHome"只允许查看和调用，不允许改写
步骤11：将需要加密的程序移动到对应的模块（带属性的）后，确认并保存，最后关闭RobotStudio软件。将修改后的系统文件存放到USB存储设备中后，使用"恢复系统…"将系统文件恢复到工业机器人系统中。将有属性的程序模块加载在程序编辑器内的模块列表中，如图8-33所示	步骤12：选择"OnlyVIEW"，单击"显示模块"查看程序模块"OnlyVIEW"。在"OnlyVIEW"程序模块下的程序"rHome"无法添加指令，但程序指针可以移至程序"rHome"，即意味着可以被调用和运行，如图8-34所示

续表

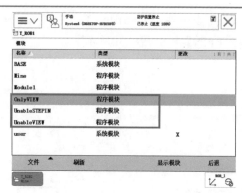

图 8-33 将有属性的程序模块加载到程序编辑器
内的模块列表中

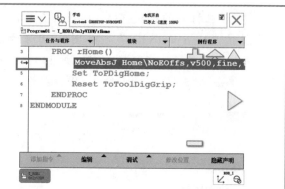

图 8-34 验证"OnlyVIEW"程序模块下的程序
可以被调用和运行

| 步骤13：选择"UnableSTEPIN"，单击"显示模块"查看程序模块"UnableSTEPIN"。在"UnableSTEPIN"程序模块下的程序"main"可以添加指令，即允许改写（程序指令、修改位置等），如图8-35所示 | 步骤14：将程序指针移至程序"main"，单击"下一步"，"main"程序会全部运行，直到程序结束。程序运行过程中，程序指针不会移动，无法查看工业机器人当前执行的指令，如图8-36所示 |

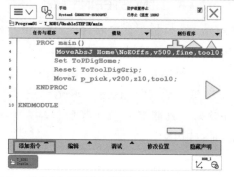

图 8-35 验证查看程序模块"UnableSTEPIN"允
许改写

图 8-36 验证查看程序模块"UnableSTEPIN"不
允许逐步调试

表 8-8 使用记事本加密

| 步骤1：直接将需要加密的程序所在的程序模块导出，进行模块属性的添加。
例如Module1模块中的程序需要加密，使得程序无法查看和改写，仅能调用和执行，如图8-37所示 | 步骤2：选择模块"Module1"，打开文件菜单并选择"另存模块为…"，将Module1模块导出到USB存储设备中，如图8-38所示 |

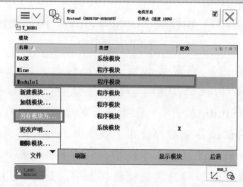

图 8-37 待添加属性的模块

图 8-38 将 Module1 模块导出到 USB 存储设备中

步骤3：在计算机上打开Module1模块文件（.MOD）所在的存放路径，右键Module1模块对应的文件，使用"记事本"打开。在"Module1"后添加模块属性"NOVIEW"，如图8-39所示。注意：添加模块属性的字符时，输入法应切换为英文状态	步骤4：Ctrl+S保存.MOD文件，并导入示教器。加载模块时，会出现如图8-40所示对话框，单击"是"，将带属性的Module1模块覆盖无属性的Module1
 图 8-39　在"Module1"后添加模块属性"NOVIEW"	 图 8-40　将 .MOD 文件导入示教器

步骤5：Module1模块不可查看，模块下的程序可以被调用和执行，如图8-41所示

图 8-41　验证 Module1 模块下的程序可以被调用和执行

任务评价

任务评价如表 8-9 所示，活动过程评价如表 8-10 所示。

表 8-9　任务评价

评价项目	比例	配分	序号	评分标准	扣分标准	自评	教师评价
6S职业素养	30%	30分	1	选用适合的工具实施任务,清理无须使用的工具	未执行扣6分		
			2	合理布置任务所需使用的工具,明确标识	未执行扣6分		
			3	清除工作场所内的脏污,发现设备异常立即记录并处理	未执行扣6分		
			4	规范操作,杜绝安全事故,确保任务实施质量	未执行扣6分		
			5	具有团队意识,小组成员分工协作,共同高质量完成任务	未执行扣6分		
工业机器人程序加密	70%	70分	1	明确 ABB 工业机器人程序模块属性 NOVIEW、NOSTEPIN、VIEWONLY 对应的程序模块加密效果	未执行扣10分		
			2	能够用离线软件 RobotStudio 编辑模块的属性	未执行扣20分		
			3	使用记事本打开模块文本文件,对模块属性进行设定	未执行扣20分		
			4	能够使用正确的方法测试程序加密效果	未执行扣20分		
合计							

表 8-10　活动过程评价

评价指标	评价要素	分数/分	分数评定
信息检索	能有效利用网络资源、工作手册查找有效信息;能用自己的语言有条理地去解释、表述所学知识;能将查找到的信息有效转换到工作中	10	
感知工作	是否熟悉各自的工作岗位,认同工作价值;在工作中,是否获得满足感	10	
参与状态	与教师、同学之间是否相互尊重、理解、平等;与教师、同学之间是否能够保持多向、丰富、适宜的信息交流。 探究学习、自主学习不流于形式,处理好合作学习和独立思考的关系,做到有效学习;能提出有意义的问题或能发表个人见解;能按要求正确操作;能够倾听、协作分享	20	

续表

评价指标	评价要素	分数/分	分数评定
学习方法	工作计划、操作技能是否符合规范要求；是否获得了进一步发展的能力	10	
工作过程	遵守管理规程，操作过程符合现场管理要求；平时上课的出勤情况和每天完成工作任务情况；善于多角度思考问题，能主动发现、提出有价值的问题	15	
思维状态	是否能发现问题、提出问题、分析问题、解决问题	10	
自评反馈	按时按质完成工作任务；较好地掌握专业知识点；具有较强的信息分析能力和理解能力；具有较为全面严谨的思维能力并能条理明晰地表述成文	25	
总分		100	

任务 8.3　工业机器人程序及数据的备份

任务描述

某工作站的工业机器人程序及数据需进行备份，以防止被误删后无法进行恢复，根据实训指导手册完成工业机器人程序及数据的备份。

任务目标

1. 根据操作步骤完成程序的备份；
2. 根据操作步骤完成数据的备份。

所需工具

安全操作指导书、示教器、触摸屏用笔、USB 存储设备（U 盘）。

学时安排

建议学时共 4 学时，其中相关知识学习建议 1 学时；学员练习建议 3 学时。

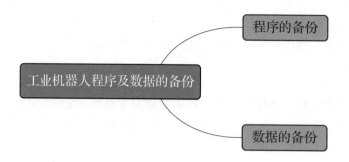

工作流程

程序的备份

工业机器人程序及数据的备份

数据的备份

知识储备

ABB 工业机器人的程序存储在程序模块中，进行程序的备份就是将工业机器人系统中的程序模块导出到 USB 存储设备中进行备份。程序的备份可分为两种操作方法：一种是将所有程序模块一次性导出实现程序的备份；另一种是将指定的程序模块导出实现程序的备份。

工业机器人系统数据的备份，是将所有储存在运行内存中的 RAPID 程序和系统参数打包到一个文件夹中，导出到工业机器人硬盘或 USB 存储设备中完成备份。

ABB 工业机器人的配置参数被存储在一个单独的配置文件中，根据类型的不同配置参数分为 5 个主题（见图 8-42），不同主题参数的配置文件如表 8-11 所示。我们可以通过恢复已备份的配置参数文件，解决配置参数丢失所引起的故障。

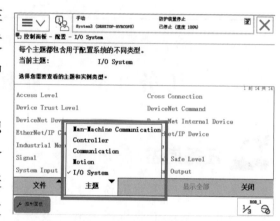

图 8-42　配置参数对应的 5 个主题

表 8-11　不同主题参数的配置文件

要设定的工具方向	要设定的工具方向	要设定的工具方向
Communication	串行通道与文件传输层协议	SIO.cfg
Controller	安全性与 RAPID 专用函数	SYS.cfg
I/O System	I/O 板与信号	EIO.cfg
Man-machine Communication	用于简化系统工作的函数	MMC.cfg
Motion	工业机器人与外轴	MOC.cfg
Process	工艺专用工具与设备	PROC.cfg

任务实施

1. 程序的备份

导出程序模块的方法和操作步骤如表 8-12 所示。

表8-12 导出程序模块的方法和操作步骤

方法一：步骤1：将USB存储设备（例如U盘）插入示教器的USB端口。进入图示任务与程序界面，单击"文件"并选择"另存程序为…"，如图8-43所示	步骤2：单击"确定"按钮，如图8-44所示
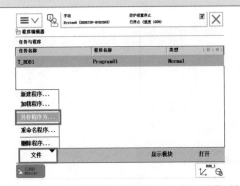　图 8-43 "任务与程序"界面单击"文件"并选择"另存程序为 …"	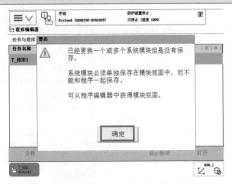　图 8-44 单击"确定"按钮
步骤3：通过单击"上一级"，找到并选择USB存储设备所在的盘，将其作为程序存放的盘，如图8-45所示	步骤4：选定存放的文件夹（或新建文件夹），确定存放路径后，单击"确定"。到此即完成了程序的备份，如图8-46所示。工业机器人系统中的所有程序被导出保存到USB存储设备中，以.mod和.pgf文件的形式存储在一个文件夹中
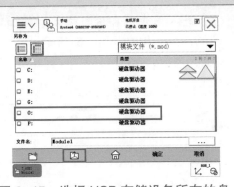　图 8-45 选择 USB 存储设备所在的盘	　图 8-46 确定以完成程序的备份
方法二：步骤1：在模块列表中，选择需要备份的程序所在的程序模块。单击"文件"，选择"另存模块为…"，如图8-47所示	步骤2：选择USB存储设备所在的盘，作为程序模块存放的盘。选定存放的文件夹（或新建文件夹），如图8-48所示
　图 8-47 选择需要备份的程序所在的程序模块选择"另存模块为 …"	　图 8-48 选定存放的文件夹

续表

步骤3：确定存放路径后，单击"确定"，如图8-49所示。到此即完成了程序模块的导出（备份）。被导出的程序模块以.mod文件的形式，保存在USB存储设备中

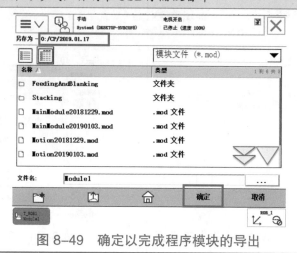

图 8-49　确定以完成程序模块的导出

2. 数据的备份

1) 工业机器人系统数据的备份

备份工业机器人系统数据的方法和操作步骤如表 8-13 所示。

表 8-13　备份工业机器人系统数据的方法和操作步骤

步骤1：若工业机器人系统数据是备份到USB存储设备中，则需先将USB存储设备（例如U盘）插入示教器的USB端口。在示教器操作界面中，单击"备份与恢复"，如图8-50所示	步骤2：进入图示"备份与恢复"界面，单击"备份当前系统…"，如图8-51所示
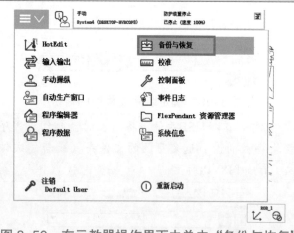	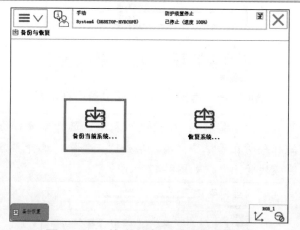
图 8-50　在示教器操作界面中单击"备份与恢复"	图 8-51　单击"备份当前系统…"
步骤3：进入图示备份界面中，单击"ABC…"，设置系统备份文件的名称。单击"…"可以选择存放备份文件的位置（工业机器人硬盘或USB存储设备），如图8-52所示。单击"备份"，开始进行工业机器人系统的备份	步骤4：等待文件备份的完成，直到图示"创建备份。请等待！"界面消失。备份完成后，返回图示界面，单击关闭按钮，关闭"备份与恢复"界面，到此完成工业机器人系统的备份，如图8-53所示。工业机器人系统文件被导出保存到USB存储设备中

图 8-52 设置系统备份文件的名称、选择存放备份文件的位置

图 8-53 关闭"备份与恢复"界面

2）配置参数的导出

导出配置参数的方法和操作步骤如表 8-14 所示。

表 8-14 导出配置参数的方法和操作步骤

步骤1：将USB存储设备（例如U盘）插入示教器的USB端口。在控制面板界面内，单击"配置"，如图8-54所示	步骤2：方法一：单击"文件"并选择"全部另存为…"，将所有主题类型下的配置参数导出到USB存储设备中进行备份，如图8-55所示
 图 8-54 控制面板界面内单击"配置"	 图 8-55 单击"文件"并选择"全部另存为…"
步骤3：单击"…"，选择配置文件存放路径，如图8-56所示。确定存放路径后，单击"确定"	步骤4：勾选"创建并保存到SYSPAR目录下"并单击"保存"，将各主题类型下配置文件保存到SYSPAR文件夹中，如图8-57所示。 若不勾选"创建并保存到SYSPAR目录下"的情况下单击"保存"，各主题类型下配置文件将生成不同文件保存到指定路径下
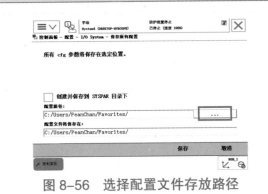 图 8-56 选择配置文件存放路径	 图 8-57 单击"保存"将各主题类型下配置文件保存到 SYSPAR 文件夹中

步骤5：各主题类型下配置文件保存到SYSPAR文件夹中，如图8-58所示	步骤6：方法二：单击"主题"，选择主题类型，将指定主题下的配置参数导出到USB存储设备中进行备份，如图8-59所示
 图 8-58　查看存储设备中导出的参数文件	图 8-59　选择主题类型
步骤7：选择好指定配置参数的主题类型后，单击"文件"并选择"'SYS'另存为"，如图8-60所示。（不同主题对应不同的'XXX'另存为）例如，选择的是Controller主题类型，其对应"'SYS'另存为"	步骤8：单击界面中的图标，可以对存放路径和配置文件名称进行设定和修改，确定存放路径后，单击"确定"，如图8-61所示。Controller主题下的配置参数，导出到USB存储设备中，以.cfg文件的形式存储在指定路径下
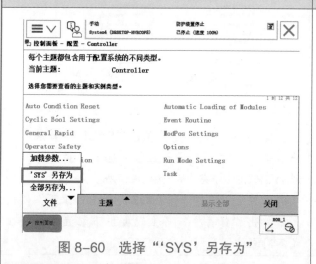 图 8-60　选择"'SYS'另存为"	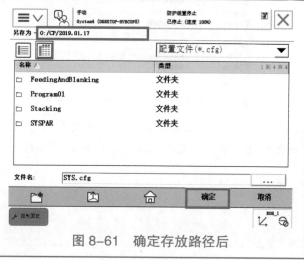 图 8-61　确定存放路径后

 任务评价

任务评价如表 8-15 所示，活动过程评价如表 8-16 所示。

表 8-15　任务评价

评价项目	比例	配分	序号	评分标准	扣分标准	自评	教师评价
6S职业素养	30%	30分	1	选用适合的工具实施任务，清理无须使用的工具	未执行扣6分		
			2	合理布置任务所需使用的工具，明确标识	未执行扣6分		
			3	清除工作场所内的脏污，发现设备异常立即记录并处理	未执行扣6分		
			4	规范操作，杜绝安全事故，确保任务实施质量	未执行扣6分		
			5	具有团队意识，小组成员分工协作，共同高质量完成任务	未执行扣6分		
程序备份	40%	40分	1	能够在示教器中，查找程序备份的目路径	未掌握扣10分		
			2	掌握将所有程序模块一次性导出，实现程序备份的方法	未掌握扣15分		
			3	掌握将指定的程序模块导出，实现程序备份的方法	未掌握扣15分		
数据备份	30%	30分	1	能够将储存在运行内存中的RAPID程序和系统参数打包到一个文件夹中，导出到工业机器人硬盘或USB存储设备中完成备份	未掌握扣10分		
			2	能够使用两种方法，将指定主题下的配置参数导出	未掌握扣20分		
合计							

表 8-16　活动过程评价

评价指标	评价要素	分数/分	分数评定
信息检索	能有效利用网络资源、工作手册查找有效信息；能用自己的语言有条理地去解释、表述所学知识；能将查找到的信息有效转换到工作中	10	
感知工作	是否熟悉各自的工作岗位，认同工作价值；在工作中，是否获得满足感	10	
参与状态	与教师、同学之间是否相互尊重、理解、平等；与教师、同学之间是否能够保持多向、丰富、适宜的信息交流。 探究学习、自主学习不流于形式，处理好合作学习和独立思考的关系，做到有效学习；能提出有意义的问题或能发表个人见解；能按要求正确操作；能够倾听、协作分享	20	

续表

评价指标	评价要素	分数/分	分数评定
学习方法	工作计划、操作技能是否符合规范要求；是否获得了进一步发展的能力	10	
工作过程	遵守管理规程，操作过程符合现场管理要求；平时上课的出勤情况和每天完成工作任务情况；善于多角度思考问题，能主动发现、提出有价值的问题	15	
思维状态	是否能发现问题、提出问题、分析问题、解决问题	10	
自评反馈	按时按质完成工作任务；较好地掌握专业知识点；具有较强的信息分析能力和理解能力；具有较为全面严谨的思维能力并能条理明晰地表述成文	25	
总分		100	

项目知识测评

1. 单选题

（1）工业机器人备份的内容不包括下列哪一个？（　　）

A. 程序代码　　　　　　　　　　B. I/O 参数设置

C. Robotware 系统库文件　　　　　D. 工具数据

（2）（　　）主题是关于串行通道与文件传输层协议的配置内容。

A. Controller　　　B. I/O System　　　C. Communication　　　D. Process

（3）在示教器操作界面中，单击（　　）可进行系统数据的备份。

A. 备份与恢复　　　B. 输入输出　　　C. 资源管理器　　　D. 手动操纵

2. 多选题

（1）下列哪些选项，能进行配置参数的导出？（　　）

A. 加载参数　　　B. 全部另存为　　　C. 'SYS'另存为　　　D. 另存参数

（2）下列选项中，哪些是 ABB 工业机器人程序模块的属性？（　　）

A. NOVIEW　　　B. NOSTEPIN　　　C. VIEWONLY　　　D. OnlyVIEW

3. 判断题

（1）备份指定的工业机器人程序，就是导出该程序所在的程序模块。（　　）

（2）不同主题类型的配置文件，均被保存为 .pgf 文件。（　　）

（3）若程序模块属性为 VIEWONLY，该程序模块只允许查看和调用，不允许改写。（　　）

项目9
工业机器人搬运码垛程序调试与运行

 项目导言

　　本项目围绕工业机器人操作人员岗位职责和企业实际生产中的工业机器人操作人员的工作内容，就工业机器人程序的调试与运行进行了详细的讲解，并设置丰富的实训任务，使学生通过实操进一步掌握工业机器人搬运码垛程序调试与运行操作方法。

 项目目标

　　1. 培养手动模式控制工业机器人进行搬运码垛的能力；
　　2. 培养自动模式控制工业机器人进行搬运码垛的能力；
　　3. 培养查看工业机器人信息提示和事件日志的意识。

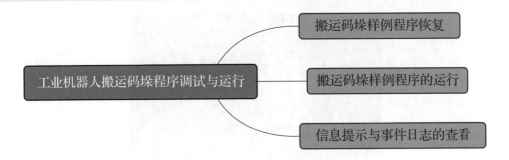

任务 9.1　搬运码垛样例程序恢复

 任务描述

　　某工作站的工业机器人要进行搬运码垛，但当前工业机器人系统中没有搬运码垛的程序，根据实训指导手册完成搬运码垛的样例程序的恢复。

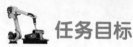
 任务目标

根据操作步骤完成搬运码垛的样例程序的恢复。

 所需工具

安全操作指导书、示教器、触摸屏用笔、USB 存储设备。

 学时安排

建议学时共 3 学时，其中相关知识学习建议 1 学时；学员练习建议 2 学时。

工作流程

> 搬运码垛样例程序恢复

知识储备

在很多产品的生产过程中，会使用码垛机器人来完成一些搬运、上下料等工作，这不仅能提高生产效率，降低成本，更能提高产品质量，如图 9-1 所示。目前，金属加工、铸造类、食品饮料类、医药类、烟草类、汽车类、化工类、物流类、家电类、塑胶类等行业均能广泛应用到码垛机器人。码垛机器人用于重复性、危险性和节拍高的加工行业，不仅可以节约人力劳动成本，还能提高人工及设备安全性，为企业创造出更大的利润。

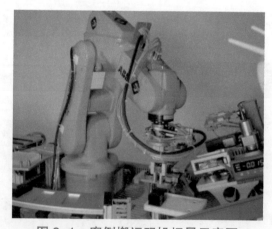

图 9-1　案例搬运码垛场景示意图

任务实施

导入搬运码垛程序的操作步骤如表 9-1 所示。

表9-1　导入搬运码垛程序的操作步骤

步骤1：将存放有搬运码垛程序的.mod文件的USB存储设备（例如U盘）插入示教器的USB端口。在"程序编辑器"内，单击"任务与程序"，如图9-2所示	步骤2：单击"显示模块"，如图9-3所示
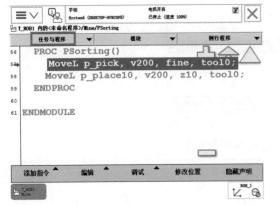 图9-2　在"程序编辑器"内单击"任务与程序"	 图9-3　单击"显示模块"
步骤3：单击"文件"并选择"加载模块"，如图9-4所示	步骤4：单击"是"，如图9-5所示
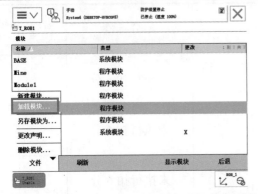 图9-4　单击"文件"并选择"加载模块"	 图9-5　确认以继续加载模块
步骤5：单击界面中的图标，找到备份在USB存储设备中的.mod文件，如图9-6所示	步骤6：单击"确定"，完成搬运码垛样例程序模块的导入，如图9-7所示
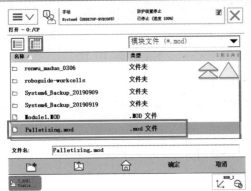 图9-6　找到备份在USB存储设备中的.mod文件	 图9-7　单击"确定"完成搬运码垛样例程序模块的导入

步骤7：搬运码垛程序模块导入成功，如图9-8所示，到此完成搬运码垛样例程序的恢复

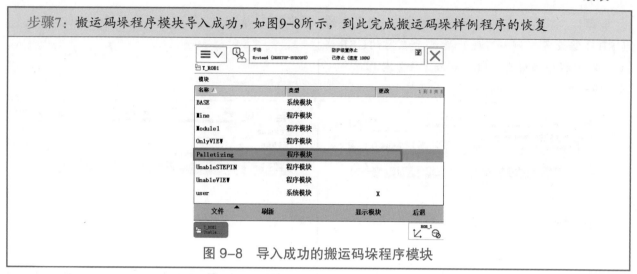

图 9-8　导入成功的搬运码垛程序模块

任务评价

任务评价如表 9-2 所示，活动过程评价如表 9-3 所示。

表 9-2　任务评价

评价项目	比例	配分	序号	评分标准	扣分标准	自评	教师评价
6S职业素养	30%	30分	1	选用适合的工具实施任务，清理无须使用的工具	未执行扣6分		
			2	合理布置任务所需使用的工具，明确标识	未执行扣6分		
			3	清除工作场所内的脏污，发现设备异常立即记录并处理	未执行扣6分		
			4	规范操作，杜绝安全事故，确保任务实施质量	未执行扣6分		
			5	具有团队意识，小组成员分工协作，共同高质量完成任务	未执行扣6分		
搬运码垛样例程序恢复	70%	70分	1	明确示教器 USB 端口位置	未掌握扣10分		
			2	能够在示教器中查找 USB 存储设备中的搬运码垛程序的 .mod 文件	未掌握扣30分		
			3	能够在示教器中加载 USB 存储设备中的搬运码垛程序的 .mod 文件	未掌握扣30分		
合计							

表9-3　活动过程评价

评价指标	评价要素	分数/分	分数评定
信息检索	能有效利用网络资源、工作手册查找有效信息；能用自己的语言有条理地去解释、表述所学知识；能将查找到的信息有效转换到工作中	10	
感知工作	是否熟悉各自的工作岗位，认同工作价值；在工作中，是否获得满足感	10	
参与状态	与教师、同学之间是否相互尊重、理解、平等；与教师、同学之间是否能够保持多向、丰富、适宜的信息交流。 探究学习、自主学习不流于形式，处理好合作学习和独立思考的关系，做到有效学习；能提出有意义的问题或能发表个人见解；能按要求正确操作；能够倾听、协作分享	20	
学习方法	工作计划、操作技能是否符合规范要求；是否获得了进一步发展的能力	10	
工作过程	遵守管理规程，操作过程符合现场管理要求；平时上课的出勤情况和每天完成工作任务情况；善于多角度思考问题，能主动发现、提出有价值的问题	15	
思维状态	是否能发现问题、提出问题、分析问题、解决问题	10	
自评反馈	按时按质完成工作任务；较好地掌握专业知识点；具有较强的信息分析能力和理解能力；具有较为全面严谨的思维能力并能条理明晰地表述成文	25	
总分		100	

任务 9.2　搬运码垛样例程序的运行

任务描述

　　某工作站的工业机器人在手动控制模式下和自动控制模式下均可进行搬运码垛，根据实训指导手册完成搬运码垛的样例程序的运行。

任务目标

　　1.在手动控制模式下，完成搬运码垛样例程序的运行；
　　2.在自动控制模式下，完成搬运码垛样例程序的运行。

所需工具

　　安全操作指导书、示教器、触摸屏用笔、码垛物料块、夹爪工具。

学时安排

建议学时共 4 学时，其中相关知识学习建议 1 学时；学员练习建议 3 学时。

工作流程

搬运码垛样例程序的运行
- 手动控制模式下运行搬运码垛程序
- 自动控制模式下运行搬运码垛程序

任务实施

1. 手动控制模式下运行搬运码垛程序

搬运码垛程序已经完成点位示教及调试，手动控制模式下运行搬运码垛程序的操作步骤如表 9-4 所示。

手动运行搬运
码垛程序

注意：在运行搬运码垛程序前，需先确认智能仓储料架上已摆放满码垛物料块，而且智能仓储料架移动至工业机器人工作区间内，工业机器人本体单元已安装夹爪工具。

表 9-4　手动控制模式下运行搬运码垛程序的操作步骤

步骤1：将控制柜模式开关转到手动模式，进入程序编辑界面。单击图示界面中的"调试"，如图9-9所示。调试：用于打开或收起调试菜单	步骤2：单击"PP移至例行程序…"，如图9-10所示。"PP移至Main"：是将程序指针移动至程序Main。"PP移至光标"：是将程序指针移动至蓝色光标所在的程序行（注意：该程序指针的移动，需为同一程序内的不同程序行）。"PP移至例行程序…"：是将程序指针移至指定的例行程序中。"光标移至PP"：是将蓝色光标移动至程序指针所在程序行
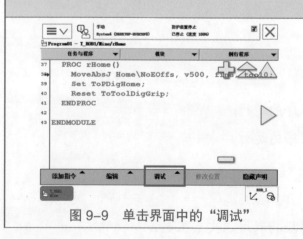	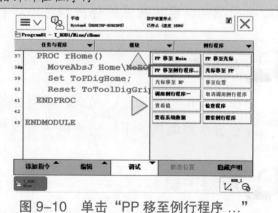
图 9-9　单击界面中的"调试"	图 9-10　单击"PP 移至例行程序…"

步骤3：在程序列表中选择搬运码垛样例程序，单击"确定"，如图9-11所示	步骤4：程序指针移动至搬运码垛程序（PPalletizing1）中，如图9-12所示

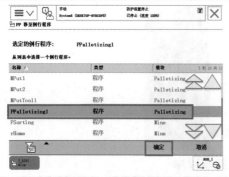

图9-11 在程序列表中选择搬运码垛样例程序

图9-12 程序指针移动至搬运码垛程序中

步骤5：按下使能按钮并保持在中间挡位置，使得工业机器人处于"电机开启状态"。按压"前进一步"按钮，逐步运行搬运码垛程序，如图9-13所示。

每按压一次，只执行一行。完成程序的单步调试后，可保持按下使能按钮中间挡位置，按压"启动"按钮，进行码垛程序的连续运行

图9-13 按压"前进一步"按钮逐步运行搬运码垛程序

2. 自动控制模式下运行搬运码垛程序

程序在手动控制模式下，逐步运行验证无误后，再选用自动控制模式运行程序。自动控制模式下运行搬运码垛程序的操作步骤如表9-5所示。

表9-5 自动控制模式下运行搬运码垛程序的操作步骤

步骤1：在主程序下调用搬运码垛程序（PPalletizing1），如图9-14所示。 注意：自动控制模式下，程序只能从主程序（main）开始运行，故在自动控制下运行某程序时，必须先将其调用至主程序中	步骤2：将控制柜模式开关转到自动模式，并在示教器上单击"确定"，完成确认模式的更改操作。将程序指针移动至主程序（main）中，如图9-15所示

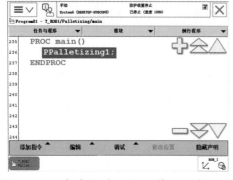

图9-14 在主程序下调用搬运码垛程序

图9-15 将程序指针移动至主程序中

续表

步骤3：确认切换为自动运行模式且电动机启动，按"前进一步"按钮，可逐步运行搬运码垛程序。若按下"启动"按钮，则可直接连续运行搬运码垛程序

图 9-16　逐步运行搬运码垛程序

 任务评价

任务评价如表 9-6 所示，活动过程评价如表 9-7 所示。

表 9-6　任务评价

评价项目		比例	配分	序号	评分标准	扣分标准	自评	教师评价
6S职业素养		30%	30分	1	选用适合的工具实施任务，清理无须使用的工具	未执行扣6分		
				2	合理布置任务所需使用的工具，明确标识	未执行扣6分		
				3	清除工作场所内的脏污，发现设备异常立即记录并处理	未执行扣6分		
				4	规范操作，杜绝安全事故，确保任务实施质量	未执行扣6分		
				5	具有团队意识，小组成员分工协作，共同高质量完成任务	未执行扣6分		
行搬运码垛程序	手动控制模式下运	40%	40分	1	完成运行搬运码垛程序前的准备工作	未执行扣10分		
				2	能够将控制柜模式设置为手动模式	未掌握扣10分		
				3	能够将程序指针移动至指定程序中	未掌握扣10分		
				4	能够手动运行调试搬运码垛运行程序	未掌握扣10分		
行搬运码垛程序	自动控制模式下运	30%	30分	1	能够将控制柜模式设置为自动模式	未掌握扣10分		
				2	明确自动模式下运行程序的条件，能够在主程序中调用指定程序	未掌握扣10分		
				3	能够在自动模式下，调试运行搬运码垛程序	未掌握扣10分		
合计								

表9-7 活动过程评价

评价指标	评价要素	分数/分	分数评定
信息检索	能有效利用网络资源、工作手册查找有效信息；能用自己的语言有条理地去解释、表述所学知识；能将查找到的信息有效转换到工作中	10	
感知工作	是否熟悉各自的工作岗位，认同工作价值；在工作中，是否获得满足感	10	
参与状态	与教师、同学之间是否相互尊重、理解、平等；与教师、同学之间是否能够保持多向、丰富、适宜的信息交流。 探究学习、自主学习不流于形式，处理好合作学习和独立思考的关系，做到有效学习；能提出有意义的问题或能发表个人见解；能按要求正确操作；能够倾听、协作分享	20	
学习方法	工作计划、操作技能是否符合规范要求；是否获得了进一步发展的能力	10	
工作过程	遵守管理规程，操作过程符合现场管理要求；平时上课的出勤情况和每天完成工作任务情况；善于多角度思考问题，能主动发现、提出有价值的问题	15	
思维状态	是否能发现问题、提出问题、分析问题、解决问题	10	
自评反馈	按时按质完成工作任务；较好地掌握专业知识点；具有较强的信息分析能力和理解能力；具有较为全面严谨的思维能力并能条理明晰地表述成文	25	
总分		100	

任务9.3 信息提示与事件日志的查看

任务描述

某工作站的工业机器人在进行搬运码垛过程中发生错误停止，请查看信息提示和事件日志，对错误原因进行分析和排查，根据实训指导手册完成信息提示与事件日志的查看。

任务目标

根据操作步骤完成信息提示与事件日志的查看。

所需工具

安全操作指导书、示教器、触摸屏用笔。

学时安排

建议学时共 3 学时，其中相关知识学习建议 1 学时；学员练习建议 2 学时。

工作流程

信息提示与事件日志的查看

任务实施

工业机器人在运行程序的过程中，在示教器上会显示工业机器人当前的工作状态以及报警（错误）信息。当工业机器人运行过程中，遇到意外停止或生产工作与预期不符时，可通过查看示教器上的信息提示和事件日志，了解工业机器人当前所处的状态以及存在的错误，以便排查原因解决问题。查看信息提示与事件日志的操作步骤如表 9-8 所示。

表 9-8　查看信息提示与事件日志的操作步骤

步骤1：使用触摸屏用笔单击示教器界面上方的"状态栏"，进入到"事件日志"界面，会显示出工业机器人的事件日志记录，包括事件发生的日期和时间等，如图9-17所示	步骤2：使用触摸屏用笔单击图示"操作人员窗口"，如图9-18所示，可查看程序中人机对话的信息内容，通过该信息提示的内容，了解程序执行的具体情况。 提示：在程序中通常使用TPWrite指令实现人机对话内容的设置
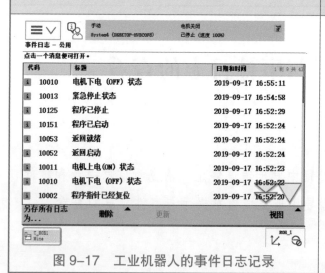 图 9-17　工业机器人的事件日志记录	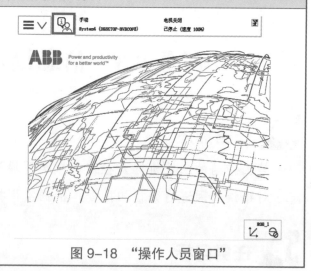 图 9-18　"操作人员窗口"

任务评价

任务评价如表 9-9 所示，活动过程评价如表 9-10 所示。

表9-9 任务评价

评价项目	比例	配分	序号	评分标准	扣分标准	自评	教师评价
6S职业素养	30%	30分	1	选用适合的工具实施任务，清理无须使用的工具	未执行扣6分		
			2	合理布置任务所需使用的工具，明确标识	未执行扣6分		
			3	清除工作场所内的脏污，发现设备异常立即记录并处理	未执行扣6分		
			4	规范操作，杜绝安全事故，确保任务实施质量	未执行扣6分		
			5	具有团队意识，小组成员分工协作，共同高质量完成任务	未执行扣6分		
查看信息提示与事件日志	70%	70分	1	明确查看信息提示与事件日志的作用	未掌握扣12分		
			2	明确示教器界面"状态栏"的位置	未掌握扣12分		
			3	能够查看工业机器人的事件日志记录	未掌握扣12分		
			4	能够在示教器界面中找到"操作人员窗口"的图标	未掌握扣12分		
			5	能够查看程序人机对话的信息提示	未掌握扣12分		
			6	了解人机对话内容设置使用的指令	未掌握扣10分		
合计							

表9-10 活动过程评价

评价指标	评价要素	分数/分	分数评定
信息检索	能有效利用网络资源、工作手册查找有效信息；能用自己的语言有条理地去解释、表述所学知识；能将查找到的信息有效转换到工作中	10	
感知工作	是否熟悉各自的工作岗位，认同工作价值；在工作中，是否获得满足感	10	
参与状态	与教师、同学之间是否相互尊重、理解、平等；与教师、同学之间是否能够保持多向、丰富、适宜的信息交流。探究学习、自主学习不流于形式，处理好合作学习和独立思考的关系，做到有效学习；能提出有意义的问题或能发表个人见解；能按要求正确操作；能够倾听、协作分享	20	
学习方法	工作计划、操作技能是否符合规范要求；是否获得了进一步发展的能力	10	
工作过程	遵守管理规程，操作过程符合现场管理要求；平时上课的出勤情况和每天完成工作任务情况；善于多角度思考问题，能主动发现、提出有价值的问题	15	

续表

评价指标	评价要素	分数／分	分数评定
思维状态	是否能发现问题、提出问题、分析问题、解决问题	10	
自评反馈	按时按质完成工作任务；较好地掌握专业知识点；具有较强的信息分析能力和理解能力；具有较为全面严谨的思维能力并能条理明晰地表述成文	25	
总分		100	

项目知识测评

1. 单选题

（1）搬运码垛程序的文件类型是（　　）。

A. .mod   B. .main   C. .doc   D. .pp

（2）工业机器人程序调试过程中，关于程序指针的说法正确的是（　　）。

A. 指针可以随意跳转至光标位置处   B. 同一程序中可同时出现多个程序指针

C. 光标可以随意跳转至程序指针处   D. 光标随指针的移动而移动

2. 多选题

（1）在手动运行搬运码垛程序前，需先确认（　　）。

A. 智能仓储料架上已摆放满码垛物料块

B. 智能仓储料架移动至工业机器人工作区间内

C. 工业机器人本体单元已安装夹爪工具

D. 无须确认，可直接运行

（2）自动运行搬运码垛样例程序前，应（　　）。

A. 确认机器人系统无故障和报错   B. 确认程序指针已移至搬运码垛样例程序

C. 电动机已开启   D. 工业机器人本体单元已安装夹爪工具

（3）以下哪些选择可以用来移动程序指针？（　　）

A. PP 移至光标   B. 光标移至 PP

C. PP 移至例行程序   D. PP 移至 Main

3. 判断题

（1）调试菜单中的 PP 移至 Main，可快速将程序指针移动至 Main 程序。　　　（　　）

（2）所有程序要在 Main 程序下调用后，才能被工业机器人执行。　　　（　　）

（3）程序在手动控制模式下，逐步运行验证无误后，才能选用自动控制模式运行程序。

（　　）

项目10

工业机器人常规检查和维护

 项目导言

　　本项目围绕工业机器人维护维修岗位职责和企业实际生产中的工业机器人维护维修工作内容，就工业机器人常规检查和维护的内容和操作方法进行了详细的讲解，并设置丰富的实训任务，使学生通过实操进一步掌握工业机器人常规检查和维护的方法，理解常规检查和维护的必要性。

 项目目标

　　1. 培养工业机器人系统定期保养与维护的意识；
　　2. 培养对工业机器人本体和控制柜进行常规检查和对常见问题处理的能力。

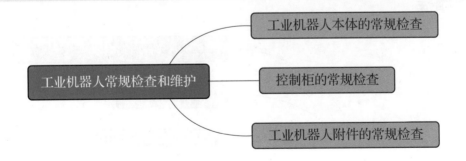

工业机器人常规检查和维护
- 工业机器人本体的常规检查
- 控制柜的常规检查
- 工业机器人附件的常规检查

任务 10.1　工业机器人本体的常规检查

 任务描述

　　在使用工业机器人进行示教编程前，需对工业机器人本体进行常规检查，记录是否出现故障或问题影响工业机器人本体的运行，并根据实训指导手册完成工业机器人本体故障和问题的记录及简单处理。

 **任务目标**

1. 确认工业机器人本体是否出现机械噪声及异响，并对故障进行记录及简单处理；

2. 确认工业机器人本体是否出现润滑油泄漏，并对故障进行记录及简单处理；

3. 检查工业机器人布线，确认是否有损坏并记录；

4. 检查机械停止装置，确认是否有损坏并记录；

5. 检查阻尼器，确认是否有损坏并记录；

6. 检查塑料盖，确认是否损坏并记录；

7. 检查工业机器人本体电量情况，如电量不足，则需按照实训指导手册完成工业机器人本体电池的更换。

 **所需工具**

工业机器人本体维护与维修标准工具包（内六角螺钉 2.5~17 mm、转矩扳手 0.5~10 N·m、小螺丝刀、塑料锤、转矩扳手 1/2 的棘轮头、插座头帽号 2.5、插座 1/2″ bit 线长 110 mm、斜口钳、带球头的 T 形手柄），安全操作指导书，与工业机器人型号对应的电池组。

 **学时安排**

建议学时共 3 学时，其中相关知识学习建议 1 学时；学员练习建议 2 学时。

 **工作流程**

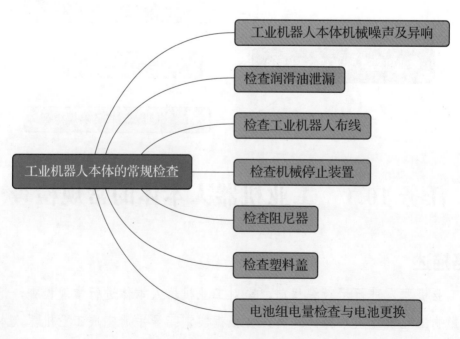

任务实施

1. 工业机器人本体机械噪声及异响

在操作期间，电动机、减速机、轴承等不应发出机械噪声。如果出现机械噪声及异响，建议执行表 10-1 所示操作（按概率列出）。

表 10-1　工业机器人本体机械噪声及异响处理方法

序号	操作
1	①在实际触摸之前，务必用手在一定距离感受可能会变热的组件是否有热辐射。 ②如果要拆卸可能会发热的组件，请等到它冷却，或者采用其他方式处理。 ③泄流器的温度最高可达到 80℃
2	确定发出噪声的轴承，确保轴承有充分的润滑
3	如有可能，拆开故障关节处轴承的连接，进一步诊断。电动机内的轴承不能单独更换，只能更换整个电动机
4	检查是否减速机过热。减速机过热可能由以下原因造成： ①使用的润滑油的质量或油面高度不正确。此时需根据工业机器人的产品手册检查建议的油面高度和类型。 ②工业机器人工作周期内特定关节轴的运行困难。此时建议研究是否可以在应用程序编程中写入小段的"冷却周期"。 ③减速机内出现过大的压力。工业机器人执行某些特别重的负荷工作周期时可能需要装配排油插销

2. 检查润滑油泄漏

电动机或减速机周围的区域可能出现润滑油泄漏的现象。

在某些情况下如果泄漏的油量非常少，除了外表变脏之外，不会有严重的后果；但是在某些情况下，漏油会润滑电动机制动闸，造成关机时的控制失效。

如果出现润滑油泄漏，建议执行表 10-2 所示操作（按概率列出）。

给工业机器人做个全面"体检"

表 10-2　检查润滑油泄漏步骤

序号	操作
1	①在实际触摸之前，务必先用手在一定距离感受可能会变热的组件是否有热辐射。 ②如果要拆卸可能会发热的组件，请等到它冷却，或者采用其他方式处理。 ③泄流器的温度最高可达到 80℃
2	检查电动机和减速机之间的所有密封装置和垫圈。 如有损坏，建议根据工业机器人的产品手册中的说明更换密封装置和垫圈
3	检查减速机中润滑油的油面高度，是否符合工业机器人产品手册中指定标准的油面高度范围

序号	操作
4	检查是否减速机过热。减速机过热可能由以下原因造成： ①使用的润滑油的质量或油面高度不正确。此时需根据工业机器人的产品手册检查建议的油面高度和类型。 ②工业机器人工作周期内特定关节轴运行困难。此时建议研究是否可以在应用程序编程中写入小段的"冷却周期"。 ③减速机内出现过大的压力。工业机器人执行某些特别重的负荷工作周期时可能需要装配排油插销

3. 检查工业机器人布线

按表 10-3 所示步骤检查工业机器人布线。

表 10-3　检查工业机器人布线步骤

序号	操作
1	进入工业机器人工作区域之前，关闭连接到工业机器人的所有：工业机器人的电源、液压源和气压源
2	目测检查工业机器人与控制柜之间的控制布线，查找有无磨损、切割或挤压损坏。如果检测到磨损或损坏，则需更换对应线缆

4. 检查机械停止装置

（1）机械停止装置位置。

工业机器人 IRB120 的关节一轴、二轴、三轴处均设有机械停止装置，关节轴机械停止装置的位置如图 10-1~图 10-3 所示。

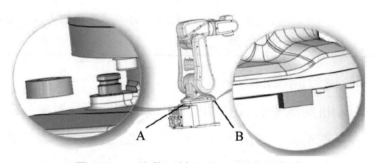

图 10-1　关节一轴处的机械停止装置
A—底座处机械停止装置；B—摆动平板处机械停止装置

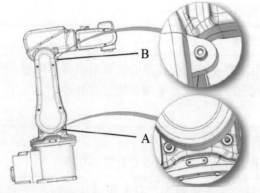

图 10-2　关节二轴、三轴处的机械停止装置（1）
A—摆动壳处二轴机械停止装置；
B—上臂处三轴机械停止装置

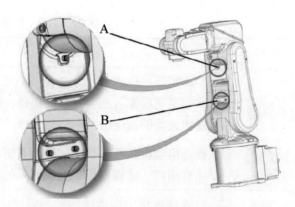

图 10-3　关节二轴、三轴处的机械停止装置（2）
A—下臂处三轴机械停止装置；
B—下臂处二轴机械停止装置

（2）机械停止装置检查。

按照表 10-4 所示步骤，检查关节一轴、二轴和三轴处的机械停止装置。

表 10-4　机械停止装置检查步骤

序号	操作
1	进入工业机器人工作区域之前，关闭连接到工业机器人的所有：工业机器人的电源、液压源和气压源
2	目测检查机械停止装置，当出现下列情况时，则需要进行更换： ①弯曲；②松动；③损坏。 注意：减速机与机械停止装置的碰撞可导致两者的使用寿命缩短

5. 检查阻尼器

（1）阻尼器的位置。

工业机器人 IRB120 的关节一轴、二轴、三轴处均设有阻尼器，关节轴阻尼器的位置如图 10-1 和图 10-3 所示。

（2）阻尼器检查。

按照表 10-5 所示步骤，检查一轴、二轴和三轴处的阻尼器。

表 10-5　阻尼器检查步骤

序号	操作
1	进入工业机器人工作区域之前，关闭连接到工业机器人的所有：工业机器人的电源、液压源和气压源
2	检查所有阻尼器是否出现以下类型的损坏： ①裂纹。②现有印痕超过 1 mm。③检查所有连接螺钉是否变形。 如果检测到任何损坏，则必须更换新的阻尼器

6. 检查塑料盖

在关闭工业机器人的所有电力、液压和气压供给的情况下，检查工业机器人本体上的塑料盖是否出现裂纹及其他类型的损坏。如果检测到裂纹或损坏，则需更换破损塑料盖。

7. 电池组电量检查与电池更换

（1）工业机器人本体电量检查。

当工业机器人示教器的信息栏显示代码 38213，则表示工业机器人本体的电池电量低，需要尽快更换电池。

注意：电池的剩余后备容量（工业机器人电源关闭）不足 2 个月时，将显示低电量警告（38213 电池电量低）。通常，如果工业机器人电源每周关闭 2 天，则新电池的使用寿命为 36 个月；如果工业机器人电源每天关闭 16 小时，则新电池使用寿命为 18 个月。通过电池关闭服务例行程序可延长使用寿命。请参阅操作员手册 – 带 FlexPendant 的 IRC5 中的相关内容。

（2）工业机器人本体电池安装位置。

工业机器人 IRB 120 本体电池组的位置在底座盖的内部，如图 10-6 中所示。

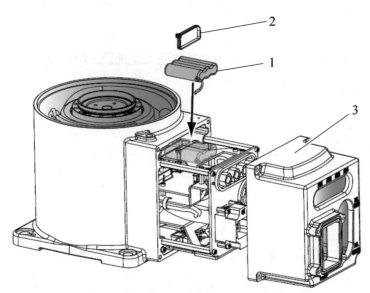

图 10-4　工业机器人本体电池组的位置

1—电池组；2—电缆扎带；3—底座盖

（3）工业机器人本体电池更换。

按照表 10-6 所示的步骤完成工业机器人 IRB 120 本体电池的更换。

表 10-6　工业机器人本体电池更换步骤

序号	操作
1	将工业机器人恢复到机械零点位置
2	调用关闭电池的例行服务程序：Bat_shutdown
3	切断电源、气源和液压源，进入工业机器人安全操作区
4	卸下连接螺钉，从工业机器人上卸下底座，拿掉后盖
5	断开电池电缆与编码器接口电路板的连接
6	切断电缆带，更换电池组，将电池电缆与编码器接口电路板相连
7	用连接螺钉将底座盖重新安装到工业机器人上，更新转数计数器

任务评价

任务评价如表 10-7 所示，活动过程评价如表 10-8 所示。

表 10-7　任务评价

评价项目	比例	配分	序号	评分标准	扣分标准	自评	教师评价
6S 职业素养	30%	30分	1	选用适合的工具实施任务，清理无须使用的工具	未执行扣 6 分		
			2	合理布置任务所需使用的工具，明确标识	未执行扣 6 分		
			3	清除工作场所内的脏污，发现设备异常立即记录并处理	未执行扣 6 分		
			4	规范操作，杜绝安全事故，确保任务实施质量	未执行扣 6 分		
			5	具有团队意识，小组成员分工协作，共同高质量完成任务	未执行扣 6 分		
工业机器人本体的常规检查	70%	70分	1	掌握工业机器人本体机械噪声及异响故障的处理方法	未掌握扣 10 分		
			2	掌握工业机器人本体润滑油泄漏故障的处理方法	未掌握扣 10 分		
			3	掌握检查工业机器人布线方法及损坏时的处理方式	未掌握扣 10 分		
			4	掌握检查机械停止装置方法及损坏时的处理方式	未掌握扣 10 分		
			5	掌握检查阻尼器方法及损坏时的处理方式	未掌握扣 10 分		
			6	掌握塑料盖的检查方法及损坏时的处理方式	未掌握扣 10 分		
			7	掌握工业机器人本体电池的更换方法	未掌握扣 10 分		
合计							

表 10-8　活动过程评价

评价指标	评价要素	分数 / 分	分数评定
信息检索	能有效利用网络资源、工作手册查找有效信息；能用自己的语言有条理地去解释、表述所学知识；能将查找到的信息有效转换到工作中	10	
感知工作	是否熟悉各自的工作岗位，认同工作价值；在工作中，是否获得满足感	10	

续表

评价指标	评价要素	分数/分	分数评定
参与状态	与教师、同学之间是否相互尊重、理解、平等；与教师、同学之间是否能够保持多向、丰富、适宜的信息交流。 探究学习、自主学习不流于形式，处理好合作学习和独立思考的关系，做到有效学习；能提出有意义的问题或能发表个人见解；能按要求正确操作；能够倾听、协作分享	20	
学习方法	工作计划、操作技能是否符合规范要求；是否获得了进一步发展的能力	10	
工作过程	遵守管理规程，操作过程符合现场管理要求；平时上课的出勤情况和每天完成工作任务情况；善于多角度思考问题，能主动发现、提出有价值的问题	15	
思维状态	是否能发现问题、提出问题、分析问题、解决问题	10	
自评反馈	按时按质完成工作任务；较好地掌握专业知识点；具有较强的信息分析能力和理解能力；具有较为全面严谨的思维能力并能条理明晰地表述成文	25	
总分		100	

任务 10.2　控制柜的常规检查

 任务描述

工业机器人控制柜必须进行定期维护才能及时发现故障及问题，从而确保正常使用。在启动某工作站中工业机器人控制柜之前，需参照实训指导手册对控制柜进行常规检查。

任务目标

1. 在进行常规检查前，需先排除静电危险；

2. 根据操作步骤完成控制柜的常规检查。

所需工具

控制柜维护维修标准工具包（Torx 螺丝刀 Tx10、Torx 螺丝刀 Tx20、Torx 螺丝刀 Tx25、Torx 圆头螺丝刀 Tx25、一字螺丝刀 4 mm、一字螺丝刀 8 mm、一字螺丝刀 12 mm、螺丝刀 Phillips-1 和套筒扳手 8 mm），手腕带，ESD 保护地垫，防静电桌垫和安全操作指导书。

学时安排

建议学时共 3 学时，其中相关知识学习建议 1 学时；学员练习建议 2 学时。

工作流程

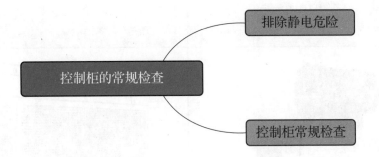

知识储备

ESD（静电放电）是电势不同的两个物体间的静电传导，它可以通过直接接触传导，也可以通过感应电场传导。控制柜容易受 ESD（静电放电）影响，所以在进行控制柜常规检查之前需按照表 10-9 所示方法排除静电危险。

表 10-9　排除静电危险的方式

序号	操作	注释
1	使用手腕带	手腕带必须经常检查以确保没有损坏并且要正确使用，手腕带按钮的位置如图 10-5 所示
2	使用 ESD 保护地垫	此垫必须通过限流电阻接地
3	使用防静电桌垫	此垫应能控制静电放电且必须接地

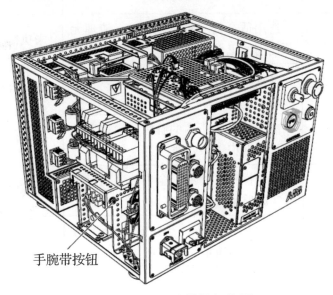

手腕带按钮

图 10-5　手腕带按钮位置

任务实施

按表10-10的步骤完成IRC5 Compact型控制柜的常规检查。

表10-10　IRC5 Compact型控制柜的常规检查

步骤1：检查控制柜上连线和布线以确认接线准确，并且布线没有损坏，如图10-6所示	步骤2：检查系统风扇和控制柜机柜表面的通风孔以确保其干净清洁，控制柜散热正常，如图10-7所示
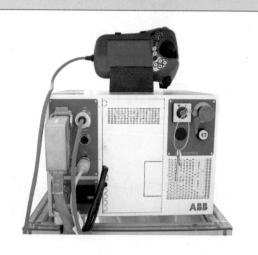 图10-6　检查控制柜上连线和布线	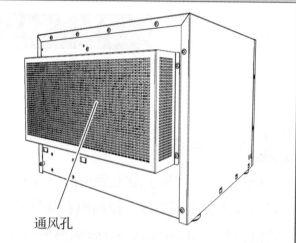 通风孔 图10-7　检查系统风扇和控制柜机柜表面的通风孔

任务评价

任务评价如表10-11所示，活动过程评价如表10-12所示。

表10-11　任务评价

评价项目	比例	配分	序号	评分标准	扣分标准	自评	教师评价
6S职业素养	30%	30分	1	选用适合的工具实施任务，清理无须使用的工具	未执行扣6分		
			2	合理布置任务所需使用的工具，明确标识	未执行扣6分		
			3	清除工作场所内的脏污，发现设备异常立即记录并处理	未执行扣6分		
			4	规范操作，杜绝安全事故，确保任务实施质量	未执行扣6分		
			5	具有团队意识，小组成员分工协作，共同高质量完成任务	未执行扣6分		

评价项目	比例	配分	序号	评分标准	扣分标准	自评	教师评价
控制柜的常规检查	70%	70分	1	掌握排除静电危险的方式	未掌握扣10分		
			2	明确手腕带按钮位置	未掌握扣10分		
			3	掌握正确使用ESD保护地垫的方法	未掌握扣10分		
			4	掌握正确使用防静电桌垫的方法	未掌握扣10分		
			5	能够检查控制柜上连线是否准确，布线是否有损坏	未掌握扣15分		
			6	能够检查系统风扇和控制柜机柜表面是否干净清洁，散热是否正常	未掌握扣15分		
合计							

表 10-12　活动过程评价

评价指标	评价要素	分数/分	分数评定
信息检索	能有效利用网络资源、工作手册查找有效信息；能用自己的语言有条理地去解释、表述所学知识；能将查找到的信息有效转换到工作中	10	
感知工作	是否熟悉各自的工作岗位，认同工作价值；在工作中，是否获得满足感	10	
参与状态	与教师、同学之间是否相互尊重、理解、平等；与教师、同学之间是否能够保持多向、丰富、适宜的信息交流。 探究学习、自主学习不流于形式，处理好合作学习和独立思考的关系，做到有效学习；能提出有意义的问题或能发表个人见解；能按要求正确操作；能够倾听、协作分享	20	
学习方法	工作计划、操作技能是否符合规范要求；是否获得了进一步发展的能力	10	
工作过程	遵守管理规程，操作过程符合现场管理要求；平时上课的出勤情况和每天完成工作任务情况；善于多角度思考问题，能主动发现、提出有价值的问题	15	
思维状态	是否能发现问题、提出问题、分析问题、解决问题	10	
自评反馈	按时按质完成工作任务；较好地掌握专业知识点；具有较强的信息分析能力和理解能力；具有较为全面严谨的思维能力并能条理明晰地表述成文	25	
总分		100	

任务 10.3 工业机器人附件的常规检查

任务描述

某工作站中工业机器人本体手臂末端安装有快换装置主端口，可实现不同工具间无须人为干涉自动完成切换。在使用快换装置前，需对气路、快换工具以及快换装置主端口进行检查，以确保附件可以正常工作。

任务目标

1. 检查快换装置上以及连接在工业机器人本体上的气管及波纹管无损坏；
2. 检查快换工具有无损坏。

所需工具

安全操作指导书。

学时安排

建议学时共 3 学时，其中相关知识学习建议 1 学时；学员练习建议 2 学时。

工作流程

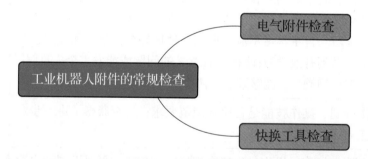

知识储备

工作站中工业机器人末端装有快换装置主端口，可实现不同工具无须人为干涉自动完成切换。需定期检查快换装置上以及连接在工业机器人本体上的气管及波纹管，如有损坏需及时更换，同时需使用扎线带整理并固定气管，避免在工业机器人运动过程中气管与其他部件之间的缠绕造成的损坏。工业机器人本体上的气管分布如图 10-8 所示。

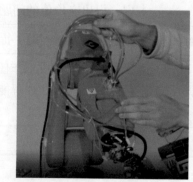

图 10-8 工业机器人本体上的气管分布

任务实施

按照表 10-13 所示步骤完成快换工具的检查。

表 10-13　快换工具检查步骤

序号	操作步骤
1	检查吸盘工具的吸盘是否完好，如有损坏将影响工件的吸取，需及时更换
2	检查涂胶工具的笔尖是否完好，如有损坏影响模拟涂胶，需及时维修或更换
3	检查夹爪工具是否完好，如有损坏影响工件的抓取，需及时维修或更换
4	检查抛光工具是否完好，如有损坏影将有可能影响抛光工艺的进行，需及时维修或更换
5	检查焊枪工具是否完好，如有损坏影响焊接工艺的进行，需及时维修或更换

任务评价

任务评价如表 10-14 所示，活动过程评价如表 10-15 所示。

表 10-14　任务评价

评价项目	比例	配分	序号	评分标准	扣分标准	自评	教师评价
6S职业素养	30%	30分	1	选用适合的工具实施任务，清理无须使用的工具	未执行扣6分		
			2	合理布置任务所需使用的工具，明确标识	未执行扣6分		
			3	清除工作场所内的脏污，发现设备异常立即记录并处理	未执行扣6分		
			4	规范操作，杜绝安全事故，确保任务实施质量	未执行扣6分		
			5	具有团队意识，小组成员分工协作，共同高质量完成任务	未执行扣6分		
工业机器人附件的常规检查	70%	70分	1	能够检查快换装置上以及连接在工业机器人本体上的气管及波纹管，并进行故障处理	未执行扣10分		
			2	能够检查吸盘工具的吸盘是否完好	未执行扣12分		
			3	能够检查涂胶工具的笔尖是否完好	未执行扣12分		
			4	能够检查夹爪工具是否完好	未执行扣12分		
			5	能够检查抛光工具是否完好	未执行扣12分		
			6	能够检查焊枪工具是否完好	未执行扣12分		
合计							

表 10-15　活动过程评价

评价指标	评价要素	分数 / 分	分数评定
信息检索	能有效利用网络资源、工作手册查找有效信息；能用自己的语言有条理地去解释、表述所学知识；能将查找到的信息有效转换到工作中	10	
感知工作	是否熟悉各自的工作岗位，认同工作价值；在工作中，是否获得满足感	10	
参与状态	与教师、同学之间是否相互尊重、理解、平等；与教师、同学之间是否能够保持多向、丰富、适宜的信息交流。探究学习、自主学习不流于形式，处理好合作学习和独立思考的关系，做到有效学习；能提出有意义的问题或能发表个人见解；能按要求正确操作；能够倾听、协作分享	20	
学习方法	工作计划、操作技能是否符合规范要求；是否获得了进一步发展的能力	10	
工作过程	遵守管理规程，操作过程符合现场管理要求；平时上课的出勤情况和每天完成工作任务情况；善于多角度思考问题，能主动发现、提出有价值的问题	15	
思维状态	是否能发现问题、提出问题、分析问题、解决问题	10	
自评反馈	按时按质完成工作任务；较好地掌握专业知识点；具有较强的信息分析能力和理解能力；具有较为全面严谨的思维能力并能条理明晰地表述成文	25	
总分		100	

项目知识测评

1. 单选题

（1）工业机器人关节润滑脂的更换周期根据具体（　　）、使用减速机型号的不同而有差异，具体的更换周期需查看对应工业机器人型号的产品手册。

　　A. 用户使用要求　　　　　　　　　B. 用户制定的检修标准

　　C. 工业机器人型号　　　　　　　　D. 用户差异

（2）IRB1410 型号工业机器人（　　）减速机需每 4 000 h 或 1 年注射润滑脂进行润滑。

　　A. 1 轴　　　　　B. 2 轴　　　　　C. 3/4 轴　　　　　D. 5/6 轴

2. 多选题

（1）检查工业机器人机械停止装置之前，需要执行哪些操作？（　　）

　　A. 关闭工业机器人的电源　　　　　B. 关闭工业机器人的液压源

　　C. 关闭工业机器人的气压源　　　　D. 操纵机器人运动至各关节轴限位位置

（2）对控制柜进行常规检查时，排除静电危险的方式有哪些？（　　　）

A. 使用手腕带　　　　　　　　　　B. 使用 ESD 保护地垫

C. 使用防静电桌垫　　　　　　　　D. 关闭电源即可

3. 判断题

（1）检查工业机器人与控制柜之间的控制布线，查找磨损、切割或挤压损坏。如果检测到磨损或损坏，则需更及时修补损坏位置。　　　　　　　　　　　　　　　　（　　　）

（2）检查工业机器人本体上的塑料盖是否出现裂纹及其他类型的损坏。如果检测到裂纹或损坏，则需重新打磨抛光进行修复。　　　　　　　　　　　　　　　　　（　　　）

参考文献

［1］张春芝，钟柱培，许妍妩. 工业机器人操作与编程［M］. 北京：高等教育出版社，2018.

［2］GB 11291.2—2013 机器人与机器人装备 工业机器人的安全要求 第 2 部分：机器人系统与集成.

［3］GB 11291.1—2011 工业环境用机器人 安全要求 第 1 部分：机器人.

［4］GB/T 20867—2007 工业机器人 安全实施规范.

附录 I

工作站电气原理图

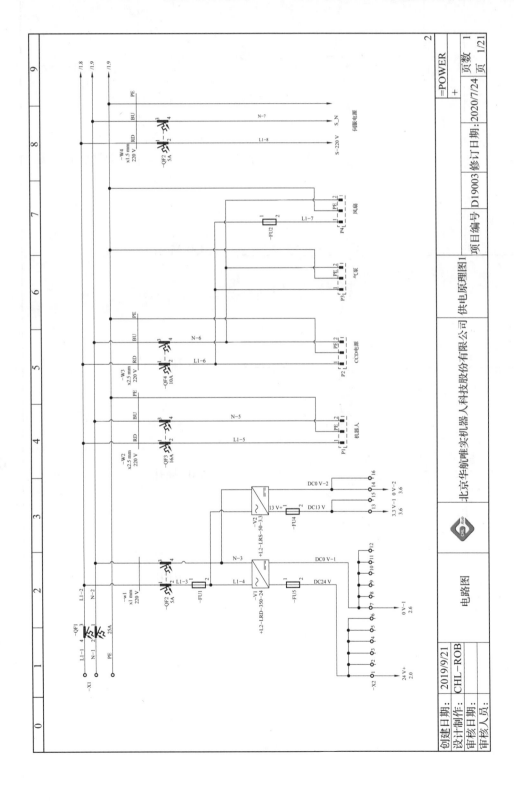

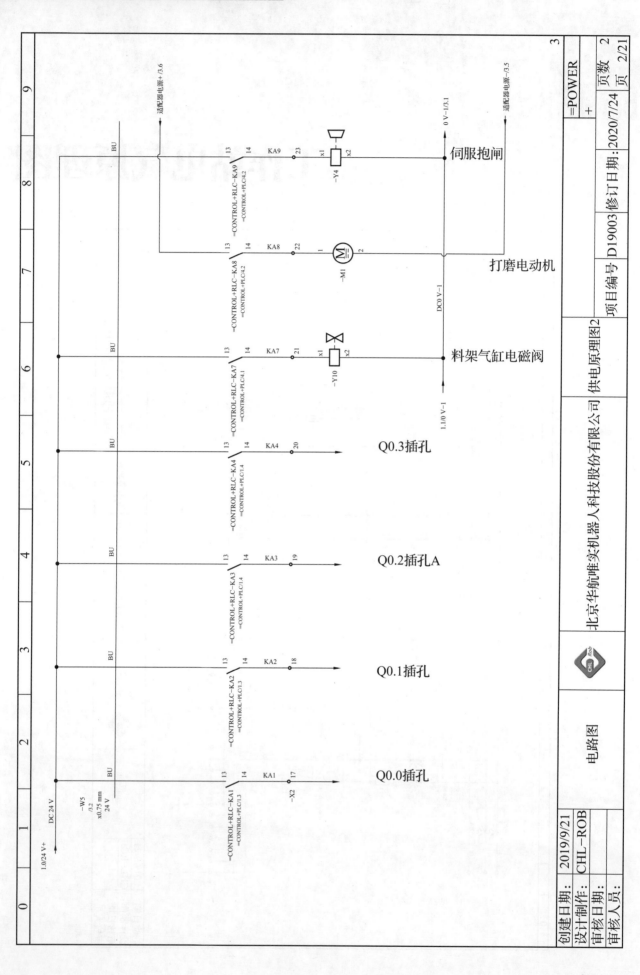

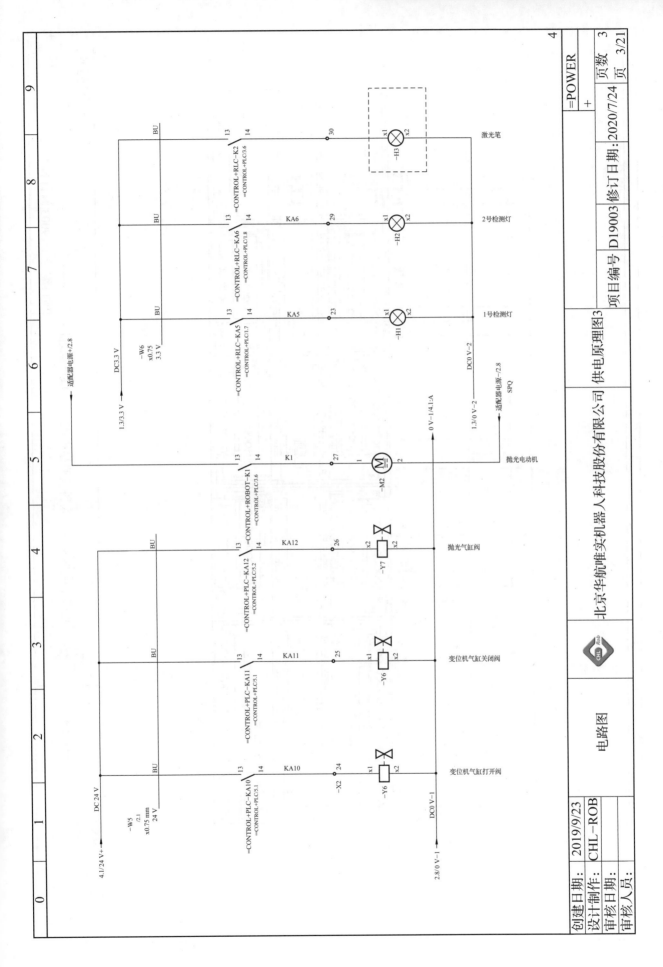

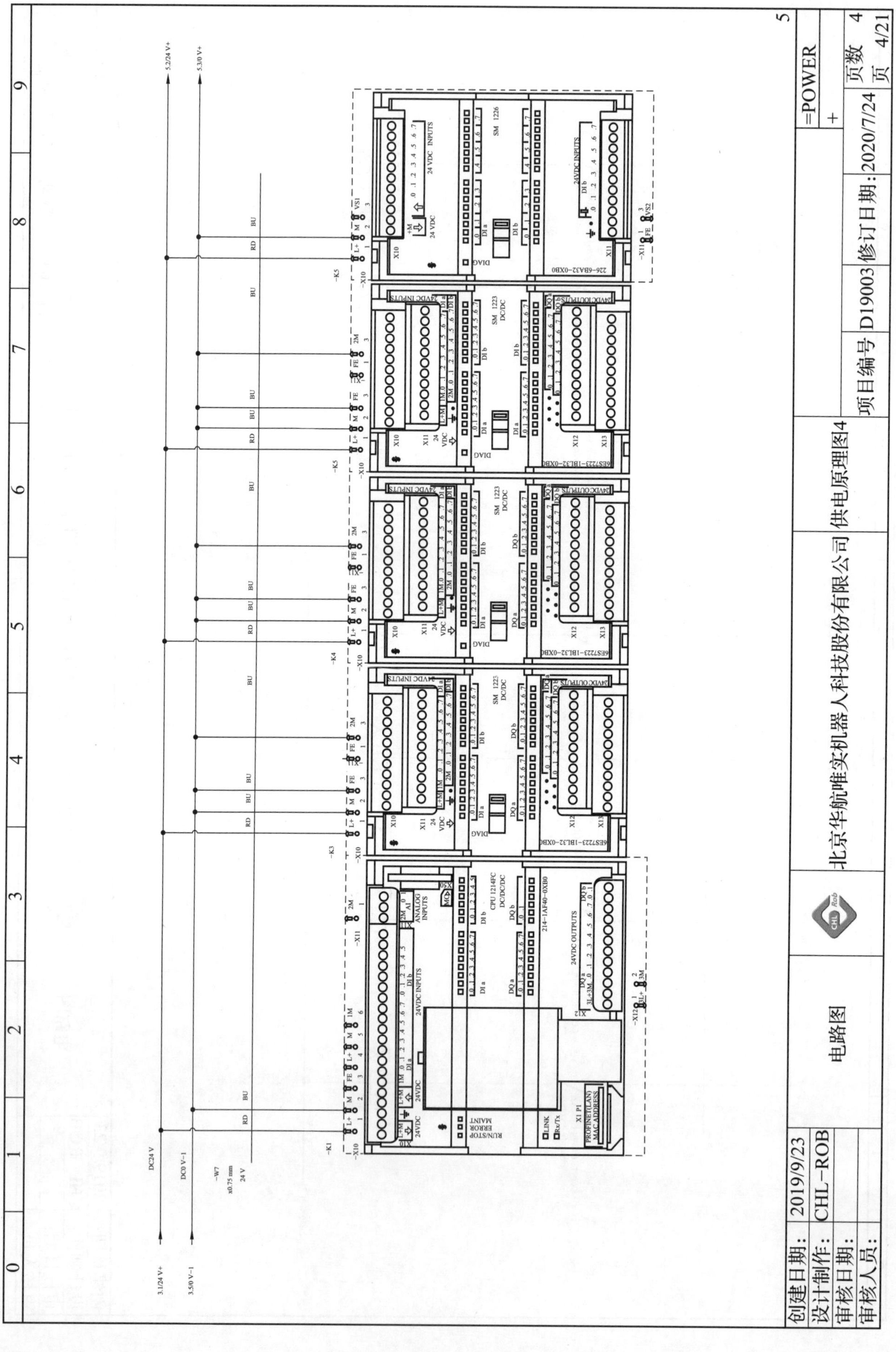

电路图
北京华航唯实机器人科技股份有限公司
供电原理图4
创建日期: 2019/9/23
设计制作: CHL-ROB
审核日期:
审核人员:
项目编号 D19003
修订日期: 2020/7/24
=POWER
+
页数 4
页 4/21
CPU 1214FC DC/DC/DC
SM 1223 DC/DC
SM 1226

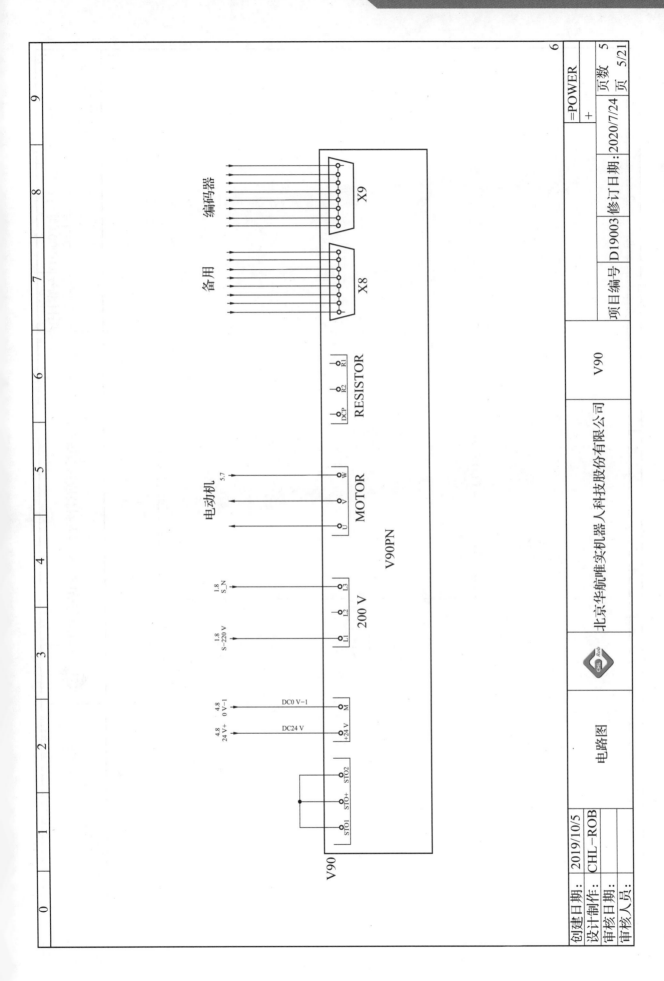

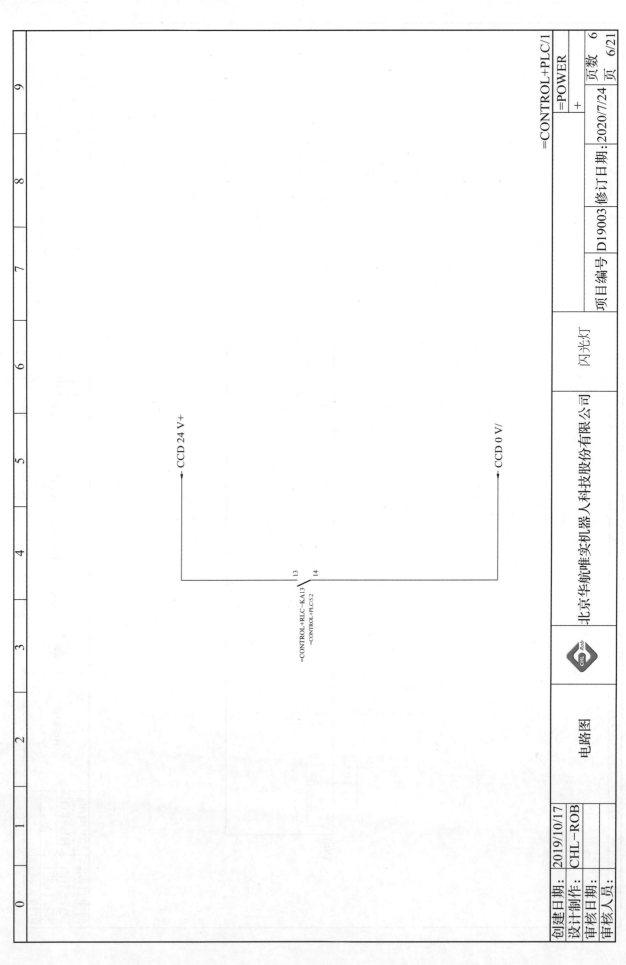

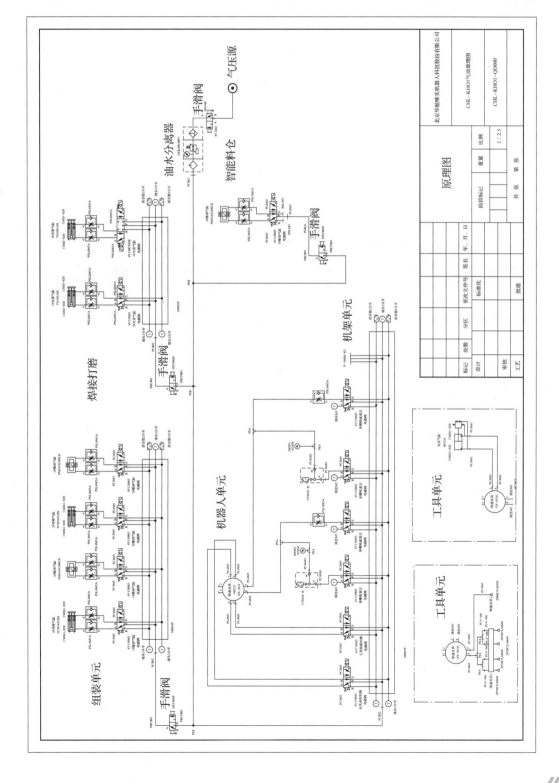